亲近大

U0171507

身边相似植物辨识

第二版

李钱鱼　徐晔春　石雅琴　编著

化学工业出版社

·北京·

本书图文并茂，由植物形态的基础知识入手，介绍了识别植物的一些形态术语，然后分别对我们身边常见的118对（个别处列3种）250种左右非常相似的植物进行介绍，找出它们的区别点和辨识特征，从而帮助读者准确识别植物。

本书最大特色是对每一种植物的株型及叶、花、果实等识别器官都用高清晰的图片进行展示，从而使那些没有植物学基础或不想看专业术语的人士可以跳过文字，直接从图片来认识植物；而详细的文字介绍，便于专业人士查阅。因此，本书既适于热爱植物的儿童、青少年、中年甚至老年人，也适于园林、园艺等相关专业人员参阅。

图书在版编目（CIP）数据

身边相似植物辨识/李钱鱼，徐晔春，石雅琴编著.
—2版.—北京：化学工业出版社，2019.11
ISBN 978-7-122-35175-3

Ⅰ.①身…　Ⅱ.①李…②徐…③石…　Ⅲ.①植物–辨识　Ⅳ.① Q94

中国版本图书馆 CIP 数据核字（2019）第 194551 号

责任编辑：李　丽　　　　　　　　　装帧设计：关　飞
责任校对：边　涛

出版发行：化学工业出版社
　　　　　（北京市东城区青年湖南街13号　邮政编码100011）
印　　装：北京瑞禾彩色印刷有限公司
850mm×1168mm　1/32　印张 $8\frac{3}{4}$　字数269千字
2020年2月北京第2版第1次印刷

购书咨询：010-64518888　　　　　　售后服务：010-64518899
网　　址：http://www.cip.com.cn
凡购买本书，如有缺损质量问题，本社销售中心负责调换。

定　　价：69.00元

前言

  本书第一版作为"亲近大自然系列"之一，于2013年以口袋书形式出版，受到广大读者喜欢，尤其在植物对比的性状方面既有文字描述，又有特写图片展示，能够满足读者对相似植物快速区分的需要。但是由于版面限制，图片显得偏小，直观性不强，而且随着植物学发展，植物的分类、命名有了新的变化，本书部分内容需要重新修订和丰富。

  2018年底我们决定对第一版进行修订再版，一是调整版式，改为大32开，使植物的特征能更好地得到展示；二是对植物的中文名、学名、别名、科属等根据最新研究资料进行修订，并更换部分图片，使本书更有可读性及可赏性；三是增加约40种植物，以常见的、相似的园林植物为主，撰写沿用第一版的形式。

  本书能够再版要感谢化学工业出版社及李丽责任编辑的鼎力支持，也要感谢喜欢本书的读者们。

  由于编者水平有限，难免有疏漏或不严谨的地方，敬请读者及专家们批评指正。

编著者

2020年1月

第一版前言

　　植物在我们的生活中，起着非常重要的作用，可以为我们解决衣食住行方面的需求，同时也能用来绿化、美化环境，调节周围的小气候，改善环境质量。在一些康复疗养医院，植物成了康复治疗过程的一分子。我们也经常被身边的植物吸引，或因为经过时不经意闻到了醉人的花香；或因为看到了艳丽、奇特的花朵；也有可能惊诧于五颜六色、八面玲珑的果实；甚至只是高大挺拔、秀丽多姿的姿态，都无不调动着我们的思绪，诱使我们去探个究竟，"这么美的植物，它到底叫什么名字呢？"当家长们带着好奇心极大的孩子去公园或者野外郊游的时候，孩子们经常会问到花花草草的名称，很多家长都答不上来，那种紧张的情绪只有自己能够体会。然而，这些还仅仅是次要的，因为不认识植物，或者没有真正地认识植物，有可能会造成很严重的后果。曾经看到一个报道，因为人们不能正确地区分钩吻（别名断肠草）和忍冬（别名金银花），误将野外生长着的钩吻当做金银花采回家泡水喝，造成了食物中毒。因此，了解植物基础知识，进而能够准确认识常见的植物，不仅让我们和大自然更贴近，还会让我们的生活更安全、健康。

　　本书图文并茂，由植物形态的基础知识入手，介绍了识别植物的一些形态术语，然后分别对我们身边常见的100对（个别处列3种）非常相似的植物进行介绍，从相似中找不同，从而更准确地认识植物。本书最大特色是对每一种植物的株型及叶、花、果实等识别器官都用高清晰的图片进行展示，从而使那些没有植物学基础或不想看专业术语的人士可以跳过文字，直接从图片来认识植物；而详细的文字介绍，便于专业人士查阅。因此，本书既适于热爱植物的儿童、青少年、中年甚至老年人，也适于园林、园艺等相关专业人员参阅。

也许您还不知道，全世界的植物有50多万种，植物分类学家按照界、门、纲、目、科、属、种七个等级将这些植物进行归类和命名，才使植物界这个大家庭更有序，更便于研究和管理。书中提到的中文植物名称是根据《中国植物志》、中国自然标本馆等资料确定，有少部分种类如莲仍沿用大众习惯叫法荷花，同时附有植物唯一身份证——"拉丁学名"，便于读者进行物种鉴定。由于植物的分布地不同，往往名字也不相同，有的花商为了便于花木销售，给植物起了意头较好的商品名，如发财树，实为马拉巴栗，在本书中除主中文名外，其他统称为别名。

认知植物需要多多观察。建议读者出门时除了带上这本书外，最好再带上一把3m的卷尺或者20cm的直尺，有些植物的形态介绍中提到了一些数据，这些数据对您识别植物意义重大，往往是相似的两种植物最明显的区别，这个时候，就可以拿出尺子来量一量。当看到记录有腺点的时候，观察方法是举起一片叶子，叶面正对阳光，从叶背处去透视观察腺点，会发现有一些小小的白点，那就是腺点。如果赶上阴天没有阳光，可以利用手机上的手电筒小软件作为光源来观察，也可以起到相同的作用。当描述中有提到乳汁的时候，可以对折一片叶子，或者折断小枝，就会看到了。遇上高大的树木，想去观察它的叶子、叶轴上的沟槽或者其他特征时，不是在暗示您需要爬树，您可以低头捡一下落在地上的枝叶来观察。

由于编者的知识水平有限，书中如有错误或不足之处，望读者批评指正。

编著者

2013年1月

目录

一、种子植物的基本形态

（一）植物的根

1. 按照根的发生来划分

（1）主根：当种子萌发时，首先突破种皮向外生长，不断垂直向下生长的部分即是主根。

（2）侧根：当主根生长到一定长度后，它会产生一些分枝，这些分枝统称为侧根。

（3）不定根：是从茎或叶上长出的根，它不来自主根、侧根。例如扦插产生的根即为不定根。

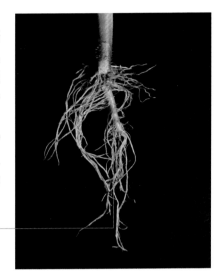

主根

侧根

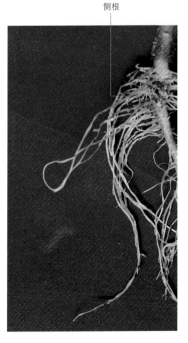

不定根

贮藏根

2. 按照根的功能来划分

（1）贮藏根：贮藏根生长在地下，用于贮藏养分。

（2）气生根：生长在地表以上的空气中，能起到吸收气体或支撑植物体向上生长的作用。

① 攀援根：攀援根是一种不定根，它通常从藤本植物的茎藤上长出，用它攀附于其他物体上向上生长，这类不定根称为攀援根。

② 支柱根：某些植物能从茎秆上或近地表的茎节上，长出一些不定根，它向下深入土中，能起到支持植物直立生长的作用。

③ 呼吸根：某些植物由于长期生活在缺氧的环境中，逐步形成了一种向上生长，露出地表或水面的不定根。它能吸取大气中的气体，以补充土壤中氧气的不足。

（3）寄生根：寄生根是寄生植物所特有的一种根，它能直接生长在寄主的组织中，从寄主体内吸取现成的养料，具有这种性能的根称为寄生根。

攀援根

支柱根

呼吸根

寄生根

3. 按照根系形态来分

（1）直根系：主根发达、明显，易与侧根区别，由主根及各级侧根组成的根系称为直根系。

（2）须根系：主根出生后不久就停止生长或死亡，在胚轴和茎基部的节上生出许多粗细相等的不定根，再由不定根上生成侧根，整个根系外形呈絮状。

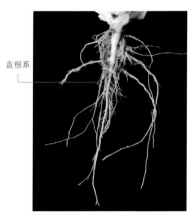
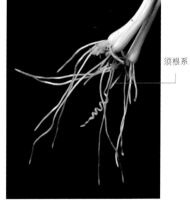

直根系

须根系

（二）植物的茎

茎是高等植物长期适应陆地生活过程中，所形成的地上部分器官，一般它具有向地上生长的习性。

1. 按照茎的质地来划分

（1）木质茎：茎的木质化细胞很多，茎的质地坚实而通常较为高大，称为木质茎。凡具木质茎的植物称木本植物。

（2）草质茎：茎没有或极少有木质化细胞，茎秆柔弱，常保持绿色，称为草质茎。凡具有草质茎的植物称为草本植物。

木质茎   草质茎

2. 按照茎的生长方式来划分

（1）直立茎：茎垂直地面向上直立生长的称直立茎。

（2）缠绕茎：这种茎细长而柔软，不能直立，以茎的本身缠绕于它物上向上生长。

直立茎   缠绕茎

（3）攀援茎：这种茎细长柔软，不能直立，以特有的结构攀援其上才能生长。

（4）平卧茎：茎通常草质而细长，在近地表的基部即分枝，平卧地面向四周蔓延生长。

攀援茎

平卧茎

（5）匍匐茎：茎细长柔弱，平卧地面，蔓延生长，一般节间较长，节上能生不定根。

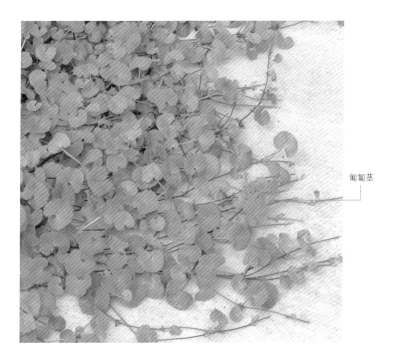

匍匐茎

3. 按照茎的变态来分

有些植物的茎在长期适应某种特殊的环境过程中，逐步改变了它原来的功能，同时也改变了原来的形态，这种和一般形态不同的变化称为变态。

（1）茎卷须：在植物的茎节上，长出由枝条变化成可攀援的卷须，这种器官称为茎卷须。

（2）茎刺：在植物的茎节上，长出的枝条发育成刺状，称为茎刺。

茎卷须

茎刺

（3）根茎：根茎也称根状茎，是多年生植物地下茎的变态，其形状如根。

（4）块茎：某些植物的地下茎的末端膨大，形成一块状体，这种生长在地下呈块状的变态茎称为块茎。

根茎

块茎

（5）鳞茎：某些植物的茎变得非常短，呈扁圆盘状，外面包有多片变化了的叶，这种变态的茎称为鳞茎。

（6）球茎：某些植物的地下茎先端膨大成球形，称球茎。

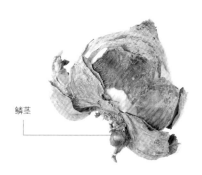

鳞茎

球茎

（三）植物的叶

1. 叶的组成

叶由叶片、叶柄和托叶组成，这三部分构成了一片完全的叶，但在我们所见的植物中，有的缺少托叶，有的缺少叶柄，有的甚至缺少叶片。

（1）叶片：叶的主体部分，通常为一绿色扁平体，两侧对称，有背腹之分。在叶片上有许多可供我们识别植物的特征，如叶片上的一些附属物，各种形态的毛、油腺点、腺体等。

腺体

叶上具毛

油腺点

（2）叶柄：叶柄是叶片与茎的联系部分，位于叶片的基部，上端与叶片相连，下端着生在茎上。

（3）托叶：通常着生在叶柄基部两侧，成对生长，也有的着生在叶柄与茎之间。

叶柄

托叶

腺体

2. 叶片的形态

（1）叶形：叶形是指叶片的外形，常见的叶形有以下几种。

① 针形：叶片细长，顶端尖细如针。

② 披针形：叶片长为宽的4～5倍，中部以下最宽，向上渐狭。

针形

披针形

③ 矩圆形：也叫长圆形。叶片长为宽的3 ~ 4倍，两侧边缘略平行。

④ 椭圆形：叶片长为宽的3 ~ 4倍，最宽处在叶片中部，两侧边缘呈弧形。

矩圆形

椭圆形

⑤ 卵形：叶片长约为宽的2倍或更少，最宽处在中部以下，向上渐狭。

⑥ 圆形：叶片长宽近相等。

卵形

圆形

⑦ 条形：叶片长而狭。

⑧ 匙形：叶片狭长，上部宽而圆，向下渐狭似汤匙。

条形

匙形

⑨ 扇形：叶片顶部甚宽而稍圆，向下渐狭，呈张开的折扇状。

⑩ 镰形：叶片狭长而稍弯曲，呈镰刀状。

扇形

镰形

⑪ 肾形：叶片两端的一端外凸，另一端内凹，两侧圆钝，形同肾脏。

⑫ 心形：叶片长宽比如卵形，基部宽而圆，且凹入。

肾形

心形

⑬ 提琴形：叶片似卵形或椭圆形，两侧明显内凹。

⑭ 菱形：叶片近于等边斜方形。

提琴形

菱形

三角形

尾状

渐尖

骤尖

⑮ 三角形：叶片基部宽阔平截，两侧向顶端汇集，呈任何一种三边近相等的形态。

（2）叶尖：叶尖是指叶片远离茎的一端，亦称顶端、顶部、上部。常见的如下。

① 尾状：叶片顶端逐渐变尖，即长而细弱，形如动物尾巴。

② 渐尖：叶片顶端尖头延长，两侧有内弯的边。

③ 骤尖：叶片顶端逐渐变成一个硬而长的尖头。

④ 钝形：叶片顶端钝或狭圆形。

⑤ 凸尖：叶片顶端由中脉向外延伸，形成一短而锐利的尖头。

钝形

凸尖

⑥ 凹缺：叶片顶端形成一个宽狭不等的缺口。

⑦ 倒心形：叶片顶端缺口的两侧呈弧形弯曲。

凹缺

倒心形

（3）叶基：叶基是指叶片靠近茎的一端，亦称基部、下部。常见的有下列几种：

① 心形：基部在叶柄连接处凹入成一缺口，两侧各形成一圆形边缘。

② 耳垂形：基部两侧各有一耳垂形的小裂片。

心形

耳垂形

③ 箭形：基部两侧各有一向后并略向外的小裂片，裂片通常尖锐。

④ 楔形：叶片中部以下向基部两侧渐变狭，形如楔子。

箭形

楔形

⑤ 戟形：基部两侧各有一向外伸展的裂片，裂片通常尖锐。

⑥ 偏斜：基部两侧大小不均衡。

戟形

偏斜

⑦ 抱茎：没有叶柄的叶，其基部两侧紧抱着茎。

⑧ 截形：基部平截成一直线，好像被切去的。

抱茎

截形

（4）叶缘：叶缘即叶片上除了叶尖、叶基以外的边缘。叶缘的形态常见的有下列几种。

① 全缘：叶缘完整无缺，光滑。

② 齿牙状：叶缘具尖齿，但齿的两侧近等长，齿尖直指向外。

全缘

齿牙状

③ 锯齿状：叶缘有内、外角均尖锐的缺刻，缺刻的两边平直，而且齿尖向前。

④ 重锯齿状：叶缘上锯齿的两侧又有小锯齿。

锯齿状

重锯齿状

⑤ 波状：叶缘起伏呈浪波形，内、外角都呈圆钝形。

⑥ 睫毛状：叶缘有细毛向外伸出。

波状

睫毛状

⑦ 掌状浅裂：叶片具掌状脉，裂片沿脉间掌状排列，裂片的深度不超过1/2。

⑧ 掌状深裂：裂片排列形式同上，裂片深度超过1/2，但叶片并不因缺刻而间断。

掌状浅裂

掌状深裂

⑨ 掌状全裂：裂片排列形式同上，裂片深达中央，造成叶片间断，裂片之间彼此分开。

⑩ 羽状浅裂：叶片具羽状脉，裂片在中脉两侧像羽毛状分裂，裂片的深度不超过1/2。

掌状全裂

羽状浅裂

⑪ 羽状深裂：裂片排列形式同上，裂片深度同掌状深裂。

⑫ 羽状全裂：裂片排列形式同上，裂片深度同掌状全裂。

羽状深裂　　　　　　　　　　　　　　　　　　　　　羽状全裂

3. 叶序

叶在茎上排列的方式称为叶序，叶序的类型主要有：

（1）簇生：凡是2片或2片以上的叶着生在节间极度缩短的茎上，外观似从一点上生出，称为簇生。

（2）套折：叶片左右着生，排成两列，但节间极不发达，而使叶集中在基部，恰如从根上生出，而各叶由外向内叶基部依次套抱。

（3）互生：凡是在茎的每一节上着生一片叶的称为互生。

（4）对生：凡是在茎的每节上，相对着生两片叶的，称为对生。

簇生　　　　　　　　套折　　　　　　　　互生　　　　　　　　对生

（5）轮生：凡是在茎的每一节上，着生3片或更多片叶的称为轮生。

（6）基生：指茎极度缩短，成簇生出。

轮生

基生

4. 叶脉和脉序

（1）叶脉：叶脉就是生长在叶片上的维管束，它们是茎中维管束的分枝。位于叶片中央较粗壮的一条脉叫中脉或主脉。在中脉两侧第一次分出的脉叫侧脉，联结各侧脉间的次级脉叫小脉或细脉。

（2）脉序：脉序是指叶脉在叶片上分布的形式。

① 网状脉：叶片上的叶脉分枝，由细脉互相联结形成网状，称网状脉。

② 平行脉：叶片上的中脉与侧脉、细脉均平行排列或侧脉与中脉近乎垂直，而侧脉之间近于平行，这些都称为平行脉。

③ 叉状脉：叶片上的叶脉无中脉、侧脉之分。叶脉从叶基生出后，均呈2叉状分枝，特称叉状脉。

叶脉　　　　网状脉　　　　　　平行脉　　　　　　　　叉状脉

5. 单叶和复叶

（1）单叶：叶片是一个单个的称单叶。

（2）复叶：有两片至多片分离的小叶片，共同着生在一个总叶柄或叶轴上，这种形式的叶称为复叶。复叶有下列几种。

单叶

① 羽状复叶：小叶在叶轴的两侧排列成羽毛状称为羽状复叶。在羽状复叶中，如果叶轴顶端只生长一片小叶，称为奇数羽状复叶或单数羽状复叶。

② 掌状复叶：在复叶上没有叶轴，小叶排列在总叶柄顶端的一个点上，以手掌的指状向外展开，称为掌状复叶。

羽状复叶

掌状复叶

③ 三出复叶：在总叶柄顶端只着生三片小叶，称为三出复叶。

④ 单身复叶：在三出复叶中，由于侧生二小叶退化，仅留下一枚顶生的小叶，看起来似单叶，但在其叶轴顶端与顶生小叶相连处有一关节，这种特殊的复叶称单身复叶。

三出复叶

单身复叶

（四）植物的花

1. 花的组成

花是种子植物的繁殖器官，一朵完全的花是由花梗、花托、花萼、花冠、雄蕊、雌蕊等几部分组成的。

（1）花梗：花梗是支持花朵的柄，亦称花柄。花梗的长短因植物的不同而异。

（2）花托：花梗顶端着生花萼、花冠、雄蕊、雌蕊的地方称花托。花托通常膨大，形态多样。

花梗

花托

（3）花萼：花的最外一轮叶状构造称花萼。

（4）花冠：花冠位于花萼内侧，由若干片花瓣组成，排成一轮或多轮。

（5）雄蕊：花冠内侧能产生花粉粒的器官称雄蕊。

（6）雌蕊：位于花的中央部位，能产生卵细胞的器官称为雌蕊。

花萼　花冠　雌蕊（红）　雄蕊（黄）

2. 花序

植物的花按照某种方式，有规律地排列在一总花柄上称为花序，这总花柄称为花序轴。通常依照花序上花朵开放的顺序而分为两大类，即无限花序和有限花序。

（1）无限花序：在开花期内，花序的初生花序轴可继续向上生长、延伸，不断生新的苞片，并在其腋中产生花朵。开花的顺序是花序轴基部的花最先开放，然后向顶端依次开放。如果花序轴短缩，花朵密集，则花由边缘向中央依次开放。主要无限花序类型如下。

① 总状花序：花序具有一个长的花序轴，各花的花柄大致长短相等，开花顺序由下而上，可继续生长、延伸。

② 伞房花序：花序轴上生有花梗长短不一的多朵花，下部的花梗较上部的花梗长，愈近花序轴顶端花梗愈短，整个花序的花差不多齐平，排在一个平面上。

总状花序

伞房花序

③ 穗状花序：花序有一个直立不分枝的花序轴，在轴上生有若干小型无柄的两性花。

④ 柔荑花序：花序有一个较软的花序轴，整个花序下垂或直立，在轴上生有许多无柄的单性花。

穗状花序

柔荑花序

⑤ 伞形花序：花序轴短缩，许多有近等长花梗的花着生在花轴顶端，呈放射状，常排成一圆顶形，开花顺序由外向内开放，这种花序称伞形花序。

⑥ 隐头花序：花序轴肥厚肉质，下凹呈囊状，许多单性花生于此肉质囊状花序轴的内壁，外表看不到花的形态。

伞形花序

隐头花序

⑦ 肉穗花序：类似于穗状花序，但花序轴变得肥厚肉质，呈棍棒状。

⑧ 头状花序：花序轴短缩，顶端膨大或扁平，许多无柄或近无柄的花集生其上，形成一头状体，这类花序称为头状花序。

肉穗花序

头状花序

（2）有限花序：在开花期内，花序的初生花序轴的顶端先开一朵花，因此花序轴不能继续延伸而停止生长，以后由苞片腋中发生的侧轴再生长，并在其顶端再开出一朵花。开的顺序是，顶端的一朵花首先开放，然后逐渐向下开放，如果花序密集形成丛生状，开花顺序则由中央向边缘依次开放。

① 二歧聚伞花序：这是一种最常见的有限花序。在花序轴的顶端一朵顶生花开放后即停止生长，在顶花下面两侧的苞腋中，同时产生两个等长的侧轴，轴顶各相应生长一朵顶生的花，在此侧轴顶花之下的两侧苞腋中，又同时各发出两个侧轴，这样继续数次二歧分枝，就称为二歧聚伞花序。

一、种子植物的基本形态

② 单歧聚伞花序：花轴顶端的顶芽发育成顶花后，在它的下面仅有一个侧芽发育成侧轴继主轴向上生长，侧轴的长度超过主轴，顶端也着生一朵顶花，这样连续地分枝，称单歧聚伞花序。

二歧聚伞花序　　　　　　　　单歧聚伞花序

（五）植物的果实

果实是种子植物所特有的一个繁殖器官。它是由花经过传粉、受精后，雌蕊的子房或子房以外与其相连的某些部分，迅速生长发育而成。果实的主要类型如下。

1. 聚合果

一朵花中有许多相互分离的雌蕊，由每一雌蕊形成一小的果实，并相聚在同一花托上形成一果实，称为聚合果。

2. 聚花果

一个花序上所有的花，包括花序轴共同发育为一个果实，称为聚花果。

聚合果

聚花果

3. 单果

一朵花中只有一枚雌蕊，由该雌蕊发育为一个果实，称为单果。常见的单果有下列几种。

（1）蓇葖果：由单个心皮或数个分离的心皮形成的果实（心皮为雌蕊的组成单位），内含一粒至数粒种子，成熟后沿着生胚珠的一侧或另一侧开裂。

（2）荚果：由单个心皮发育而成的果实。内含2个或2个以上的种子，成熟后果皮沿两侧自下而上裂开。

蓇葖果　　　　　　　　　　　　　　　　　　　　　荚果

（3）蒴果：由结合的2个以上的心皮形成的果实。由于心皮结合的方式不同，而有一室或多室之分，每室均有多数种子。开裂的方式有多种。

（4）角果：由结合的2个心皮形成的果实。原为一室，后来由于心皮边缘合生处向中央生出一隔膜，将子房分为二室，这一隔膜称假隔膜。果实成熟后，果皮从两侧裂开，成两片脱落。

蒴果　　　　　　　　　　　　　　　　　　　　　　角果

（5）瘦果：由一个或一个以上结合的心皮形成的一种不开裂的果实。果皮与种皮极易分离，但只有一室，内含一种子。

（6）颖果：由单个心皮，一室，内含一种子形成的果实。其果皮与种皮紧密愈合不易分离，果实小，常被误认为种子。

瘦果

颖果

（7）翅果：由单个或数个结合的心皮形成的一种不开裂的果实。果皮的一端或四周由子房壁向外延伸翅状的薄片，适于风力传播。

（8）坚果：由2个或2个以上结合的心皮形成的一种不开裂的果实。果实成熟后，外果皮坚硬呈木质并干燥，内含一种子。

翅果

坚果

（9）双悬果：由2个合生心皮的雌蕊形成，子房2室，每室一个种子，果实成熟时，分离成两个果瓣，并悬在中央的果柄上端，果皮干燥，但不开裂。

（10）瓠果：由三枚结合的心皮所形成的一种特殊形态的浆果。果实的肉质部分是由子房的花托共同发育而成，内含许多种子。

双悬果

瓠果

（11）核果：由一心皮形成的果实。外果皮较薄，肉质或革质，中果皮肥厚多肉，内果皮坚硬成核，核内着生种子。

（12）浆果：由一心皮或数枚结合的心皮形成的果实。含种子一个或数个，外果皮极薄，中果皮、内果皮肉质化，浆汁很丰富，种子存于果肉内。

浆果

核果

（13）梨果：由多枚结合的心皮与花托、花萼的基部共同形成。果实上很厚的果肉部分是由花托所形成，肉质部分以内才是果皮部分。花托和外果皮、外果皮和中果皮均无明显界限。内果皮由木质化的厚壁细胞所组成，呈皮纸状。

（14）柑果：由多枚结合的心皮所形成的一种特殊形态的浆果。果实的外果皮为坚韧革质，有许多含芳香油的油囊；中果皮疏松髓质，有许多维管束分布其间；内果皮膜质，分为若干室，室内充满含汁的细胞。

梨果

柑果

二、相似植物巧辨识

	南洋杉（鳞叶南洋杉、尖叶南洋杉、花旗杉、肯氏南洋杉）	异叶南洋杉（诺和克南洋杉、锥叶南洋杉）
学名	*Araucaria cunninghamii*	*Araucaria heterophylla*
科属	南洋杉科南洋杉属	南洋杉科南洋杉属
形态	常绿大乔木，原产地可达70m。	常绿大乔木，树皮粗糙，横裂，树冠塔形。
茎	大枝轮生，侧生小枝密生，下垂，近羽状排列。	大枝平伸，小枝平展或下垂，侧枝常呈羽状排列，下垂。
叶	叶二型，幼树叶锥形，老树及花果枝上的叶卵形、三角状卵形或三角状。	叶二型，幼树叶钻形，大树及花果枝上的叶宽卵形或三角状卵形。
花	雌雄异株，雄球花圆柱形，单生枝顶。	雌雄异株，雄球花圆柱形，单生枝顶。
果实	球果大，卵形或椭圆形。	球果近圆球形或椭圆状球形。
花果期	花期春季。	花期春季。
产地	原产大洋洲东南沿海地区。我国广州、海南岛、厦门等地有栽培，长江以北盆栽观赏。	原产大洋洲诺和克岛。我国福州、广州等地引种栽培，上海、南京、西安、北京等地为盆栽。
区别	① 大枝平展或斜伸；	大枝平伸。
	② 侧生小枝密生；	小枝平展或下垂，侧枝常成羽状排列，下垂。
	③ 小叶近直立，先端尖，摸上去有些扎手。	小叶贴近小枝，平滑。
园林应用	南洋杉属为世界著名的公园树种，株型高大挺拔，在世界各地的园林中应用广泛，为著名的园林风景树和行道树。可孤植、丛植或列植于路边或草地。	

南洋杉大枝常斜伸

异叶南洋杉大枝常平展

南洋杉侧生小枝密生

异叶南洋杉侧枝常呈羽状排列

南洋杉小叶近先端尖，摸上去扎手

异叶南洋杉小叶平滑

南洋杉用于绿化

异叶南洋杉用于绿化

	竹柏（铁甲树）	长叶竹柏（桐木树）
学名	*Nageia nagi*	*Nageia fleuryi*
科属	罗汉松科竹柏属	罗汉松科竹柏属
形态	常绿乔木，高达20m，树皮平滑。	常绿乔木。
茎	枝条开展，树冠广圆锥形。	枝条开展。
叶	叶对生，革质，长卵形、卵状披针形或披针状椭圆形，有多数并列的细脉，无中脉，长3.5～9cm，深绿色，有光泽。	叶交叉对生，宽披针形，质地厚，无中脉，有多数并列的细脉，长8～18cm。
花	雄球花穗状圆柱形，单生叶腋，常呈分枝状；雌球花单生叶腋，稀成对腋生。	雄球花序腋生，常3～6个簇生于总梗上；雌球花单生叶腋。
果实	种子圆球形，成熟时假种皮暗紫色，有白粉。	种子圆球形，熟时假种皮蓝紫色，径1.5～1.8cm。
花果期	花期3～4月，种子10月成熟。	花期春季，果实于秋季成熟。
产地	产于浙江、福建、江西、湖南、广东、广西、四川。分布自海岸以上丘陵地区，上达海拔1600m之高山地带，往往与常绿阔叶树组成森林。也分布于日本。	产云南、广西及广东等地；常散生于常绿阔叶树林中。越南、柬埔寨也有分布。
区别	①竹柏的叶较短，长3.5～9cm；	长叶竹柏的叶较长，长8～18cm。
	②竹柏的雄球花常呈分枝状；	长叶竹柏的雄球花常3～6个簇生于总梗上。
	③竹柏的种子直径1.2～1.5cm。	长叶竹柏的种子直径1.5～1.8cm，两者差别不大，用种子大小较难区分。
园林应用	竹柏类枝叶翠绿，四季常青，新叶光亮美观，花及果均有一定观赏价值，是南方常见庭荫树种，适合公园、庭院、绿地等植于路边或散植于草地等处观赏。	

竹柏的叶

长叶竹柏的叶

竹柏的雄球花

长叶竹柏的雄球花

竹柏的果

长叶竹柏的果

竹柏用于园林绿化

长叶竹柏用于园林绿化

3. 樟与阴香

	樟（香樟、樟树）	阴香（山玉桂、阴樟）
学名	*Cinnamomum camphora*	*Cinnamomum burmannii*
科属	樟科樟属	樟科樟属
形态	常绿大乔木，高30m，树皮有不规则的纵裂，树冠广卵形。枝、叶有樟脑气味。	常绿乔木，高达14m。树皮光滑，灰褐色至黑褐色。
茎	枝条圆柱形，嫩枝绿色。	枝条纤细，绿色或褐绿色。
叶	叶互生，软革质，卵状椭圆形，长6～12cm，全缘，绿色或黄绿色，有光泽。具离基三出脉，脉腋有明显腺体，叶背脉腋处有腺窝，窝内常被柔毛。	叶互生或近对生，卵圆形、长圆形至披针形，革质，上面绿色，光亮，下面粉绿色，具离基三出脉，味似肉桂。
花	圆锥花序腋生，花绿白或带黄色。	圆锥花序腋生或近顶生，绿白色。
果实	果卵球形或近球形，紫黑色。	果卵球形。
花果期	花期4～5月，果期8～11月。	花期主要在秋、冬季，果期在冬末及春季。
产地	产长江以南及西南各省区，常生于山坡或沟谷中。越南、朝鲜、日本也有分布，其他各国常有引种栽培。	产广东、广西、云南及福建。生于海拔100～2100m的疏林、密林或灌丛中，或溪边路旁等处。印度经缅甸和越南，至印度尼西亚和菲律宾也有。
区别	① 樟的树皮黄褐色，有不规则的纵裂；	阴香树皮光滑，灰褐色至黑褐色。
	② 樟的叶子侧脉及支脉脉腋上面明显隆起，背面有腺窝；	阴香没有。
	③ 樟枝叶有樟脑的气味。	阴香则有肉桂气味。
园林应用	两种植物形态相似，树冠整齐，四季常绿，生长快，寿命长，有香味，为优良的园林绿化树种，可作为风景树、庭荫树和行道树。	

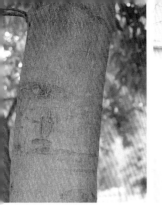

阴香树皮光滑

樟的树皮有不规则的纵裂

樟叶的侧脉及支脉脉腋上
有明显隆起的腺体

阴香的树叶的侧脉及支脉没有腺体

阴香的花

樟的花

阴香用于园林绿化

樟用于园林绿化

4. 芍药与牡丹

	芍药（白芍、赤芍）	牡丹（木芍药）
学名	*Paeonia lactiflora*	*Paeonia suffruticosa*
科属	芍药科芍药属	芍药科芍药属
形态	多年生草本，高40～70cm。	落叶灌木，高2m。
茎	分枝黑褐色。	分枝短而粗。
叶	下部茎生叶为二回三出复叶，上部茎生叶为三出复叶；小叶狭卵形、椭圆形或披针形，顶端渐尖，基部楔形或偏斜。	叶常为二回三出复叶，偶尔近枝顶的叶为3小叶，顶生小叶宽卵形，3裂至中部，裂片不裂或2～3浅裂。
花	花数朵，生茎顶和叶腋，有时仅顶端一朵开放，花各色，直径8～11.5cm，芳香。	花单生枝顶，直径10～17cm，玫瑰色、红紫色、粉红色至白色。
果实	蓇葖果，顶端具喙。	蓇葖果长圆形。
花果期	花期4～5月；果期8月。	花期5月；果期6月。
产地	分布于东北、华北、陕西及甘肃南部。在东北分布于海拔480～700m的山坡草地及林下，在其他各省分布于海拔1000～2300m的山坡草地。在朝鲜、日本、蒙古及俄罗斯西伯利亚地区也有分布。	原产于中国西部秦岭和大巴山一带山区，河南洛阳和山东菏泽为牡丹的栽培中心。
区别	① 芍药为草本植物；	牡丹为灌木。
	② 芍药及牡丹大多为二回三出复叶，但芍药的小叶为狭卵形、椭圆形或披针形，不裂；	牡丹的叶型不同品种间差异也较大，顶生或侧生小叶3裂。
	③ 芍药的花相对较小，花数朵生茎顶和叶腋，有时仅顶端一朵开放。	牡丹的花较大，单生枝顶。
园林应用	牡丹与芍药在中国园林文化中被称为"花王花相"，雍容华贵，国色天香，是富贵吉祥的象征。在园林中，以观花为主，多片植欣赏群体景观，或作为园中园的牡丹芍药专类园，也适合庭园栽培欣赏。	

芍药茎为草本　　　　　　　　　　牡丹茎为木本

芍药小叶不裂　　　　　　　　　　牡丹小叶常3裂

芍药花数朵生茎顶和叶腋　　　　　牡丹花单生于枝顶

芍药用于园林绿化　　　　　　　　牡丹用于园林绿化

5. 大花飞燕草 与 飞燕草

	大花飞燕草（大花翠雀）	飞燕草（南欧翠雀、千鸟草）
学名	*Delphinium × cultorum*	*Consolida ajacis*
科属	毛茛科翠雀属	毛茛科飞燕草属
形态	多年生草本，高30～80cm。	一二年生草本，高30～60cm。
茎	茎直立，多分枝。	茎直立，与花序均被弯曲短柔毛，中部以上分枝。
叶	叶互生，掌状三深裂。	茎下部叶有长柄，在开花时多枯萎，中部以上叶具短柄或无柄；叶互生，掌状细裂。
花	顶生总状花序，萼片瓣状，蓝色、粉色、紫色等，距伸直或下延。	顶生总状花序或穗状花序，着花20～30朵，萼片花瓣状，5枚，背部一枚基部延展成长距而基部上举。花瓣2，联合，花紫色、粉色或白色。
果实	蓇葖果。	蓇葖果。
花果期	自然花期5～7月，果期夏季。	花期5～6月，果期夏季。
产地	栽培种。	原产欧洲南部和亚洲西南部。在我国各城市有栽培。
区别	① 大花飞燕草的叶子是掌状三深裂；	飞燕草的叶子是掌状细裂。
	② 大花飞燕草具1萼距，下延；	飞燕草具1萼距，上举。
	③ 大花飞燕草花枝粗壮，花多。	飞燕草花枝纤细，着花量较少。
	另外，大花飞燕草的花瓣2枚离生，飞燕草的花瓣2枚联合；也可作为鉴别两种植物的依据，但现在栽培的基本为重瓣种，特征不明显。	
园林应用	两者均为著名的观赏草本花卉，其花形奇特，色彩绚丽，观赏性佳，常用于花坛、花境或盆栽，也常用于切花，也是庭院栽培的优良花卉。	

大花飞燕草叶掌状三深裂　　　　　　　　　　飞燕草叶掌状细裂

大花飞燕草萼距下延　　　　　　　　　　飞燕草萼距上举

大花飞燕草花枝粗壮，花多　　飞燕草花枝纤细，着花量较少　　　　大花飞燕草的特写

飞燕草的花特写

大花飞燕草用于园林绿化

6. 蟹爪兰与仙人指

	蟹爪兰（锦上添花、蟹爪）	仙人指（巴西蟹爪、圆齿蟹爪）
学名	*Schlumbergera truncata*	*Schlumbergera bridgesii*
科属	仙人掌科蟹爪兰属	仙人掌科蟹爪兰属
形态	附生多肉植物。	附生类多肉植物。
茎	叶状茎扁平多节，肥厚，卵圆形，鲜绿色，先端截形，边缘具粗锯齿。	叶状茎扁平，边缘浅波状，顶部平截。
叶	叶退化。	叶退化。
花	花着生于茎的顶端，花被开张反卷，花色淡紫、黄、红、纯白、粉红、橙和双色等。	花单生枝顶，花瓣张开反卷，红色或紫红色。
果实	浆果。	浆果。
花果期	花期9月至翌年4月。	花期2~4月，果期4~5月。
产地	原产巴西，我国南北有栽培。	原产南美热带森林中，我国南北有栽培。
区别	① 蟹爪兰的叶状茎边缘呈锐齿状；	仙人指的叶状茎边缘浅波状。
	② 蟹爪兰花色丰富，花不规则或两侧对称。	仙人指花色单一，为整齐花。
园林应用	二者开花繁茂，开花期正是冬季少花时节，为冬季重要的观花植物，花大美丽，花期长，多盆栽用于窗台、阳台或客厅处观赏。	

蟹爪兰叶状茎边缘呈锐齿状

仙人指叶状茎边缘浅波状

蟹爪兰花不规则或两侧对称

仙人指花为整齐花

蟹爪兰盆栽

仙人指盆栽

7. 山茶与茶梅

	山茶（茶花）	茶梅（冬红山茶）
学名	*Camellia japonica*	*Camellia sasanqua*
科属	山茶科山茶属	山茶科山茶属
形态	常绿灌木或小乔木，高6～9m。	常绿小乔木或灌木。
茎	嫩枝无毛。	嫩枝有毛。
叶	叶革质，深绿色，表面光亮，椭圆形，长5～10cm，宽2.5～5cm，先端略尖，或急短尖而有钝尖头，边缘有细锯齿。	叶革质，椭圆形，长3～5cm，宽2～3cm，先端短尖，基部楔形，有时略圆，边缘有细锯齿。
花	花顶生，红色，无柄。	花大小不一，直径4～7cm，红色。
果实	蒴果圆球形。	蒴果球形。
花果期	花期1～4月。果实秋季成熟。	花期依品种不同9～11月至翌年1～3月。
产地	四川、台湾、山东、江西等地有野生种分布，长江以南各省、区广泛栽培。朝鲜半岛南部及日本也有。	产日本，我国有栽培。
区别	① 山茶嫩枝无毛；	茶梅嫩枝有毛。
	② 山茶叶革质，较大，边缘有相隔较宽的细锯齿；	茶梅叶革质，较小，边缘有细锯齿。
	③ 山茶花品种繁多，花大多较大，可达10cm以上或更大。	茶梅花较小，直径4～7cm。
园林应用	山茶及茶梅为我们传统的园林植物，种植广泛，其叶色翠绿，开花繁盛，适于丛植或群植于林下、路缘、庭院及建筑物周围隐蔽处，也多用于专类园或盆栽用于室内观赏。	

山茶嫩枝无毛

茶梅嫩枝有毛

山茶叶革质，较大，边缘有相隔较宽的细锯齿

茶梅叶革质，较小，边缘有细锯齿

山茶花较大

茶梅花较小

山茶用于造景

茶梅用于园林绿化

山茶用于园林绿化

	蒲桃（水蒲桃）	洋蒲桃（连雾、莲雾、爪哇蒲桃）
学名	*Syzygium jambos*	*Syzygium samarangense*
科属	桃金娘科蒲桃属	桃金娘科蒲桃属
形态	常绿乔木，高10m。	常绿乔木，高12m。
茎	小枝圆柱形。	嫩枝压扁。
叶	叶片革质，深绿色，披针形或长圆形，长12～25cm，叶面多透明细小腺点，侧脉靠近边缘2mm处相结合成边脉，在下面明显突起。	叶片薄革质，椭圆形至长圆形，长10～22cm，宽5～8cm，先端钝或稍尖，基部变狭，圆形或微心形，下面多细小腺点，叶边有两条边脉，叶柄极短或近无柄。
花	聚伞花序顶生，白色，花瓣分离，雄蕊长2～2.8cm。	聚伞花序顶生或腋生，花白色，雄蕊极多，长约1.5cm。
果实	果实球形，果皮肉质，成熟时黄色。	果实梨形或圆锥形，肉质，洋红色，顶部凹陷。
花果期	花期3～4月，果实5～6月成熟。	花期3～4月，果实5～6月成熟。
产地	产台湾、福建、广东、广西、贵州、云南等省区。喜生河边及河谷湿地。中南半岛、马来西亚、印度尼西亚等地也有。	原产马来西亚及印度。我国华东南部、华南及西南地区有栽培。
区别	① 蒲桃的叶子细长； ② 蒲桃的果实球形，黄色，有油腺点。 ③ 蒲桃的雄蕊比洋蒲桃的要长近一倍。	洋蒲桃的叶子较宽大。 洋蒲桃的果实梨形或圆锥形，洋红色，顶部凹陷。
园林应用	速生，适应性强，周年常绿，树姿优美；花期长，有浓香，花形美丽；挂果期长，果量大，形美色鲜，是园林中常见的行道树、风景树和庭荫树，配置于水边、广场草坪或道路两旁。	

洋蒲桃的叶子较宽大

蒲桃的叶子细长

蒲桃的雄蕊较长，约为洋蒲桃的2倍

蒲桃叶特写

洋蒲桃雄蕊较短

蒲桃的果实球形，黄色，有油腺点

洋蒲桃的果实梨形或圆锥形，洋红色

蒲桃用于道路绿化

洋蒲桃用于公园绿化

	毛果杜英（长芒杜英、突尖杜英、尖叶杜英）	水石榕（水柳树、海南胆八树）
学名	*Elaeocarpus rugosus*	*Elaeocarpus hainanensis*
科属	杜英科杜英属	杜英科杜英属
形态	常绿乔木，高可达30m。有板根。	常绿小乔木，高约5～6m，树冠宽广。
茎	分枝呈假轮生状，有灰褐色柔毛。	嫩枝无毛。
叶	叶聚生于枝顶，革质，倒卵状披针形，长11～20cm，宽5～7.5cm，先端钝，中部以下渐变狭窄。	叶革质，狭窄倒披针形，长7～15cm，宽1.5～3cm，先端尖，基部楔形。
花	总状花序生于分枝上部叶腋，悬垂，有花5～14朵，花冠白色，花瓣边缘流苏状，芳香。	总状花序生当年枝的叶腋内，有花2～6朵，白色，花梗长而悬垂。
果实	核果圆球形。	核果纺锤形，光滑。
花果期	花期4～5月，果熟期秋后。	花期6～7月。
产地	产于云南南部、广东和海南。见于低海拔的山谷。中南半岛及马来西亚也有分布。	产于海南、广西南部及云南东南部，喜生于低湿处及山谷水边。在越南、泰国也有分布。
区别	① 毛果杜英树形多直立挺拔，为常绿乔木；	水石榕树形低矮，为小乔木。
	② 毛果杜英叶倒卵状披针形；	水石榕叶狭窄倒披针形。
	③ 毛果杜英的果实有褐色茸毛，核果圆球形。	水石榕果实光滑，核果纺锤形。
园林应用	毛果杜英树形挺拔，株型美观，花洁白，多用于做行道树或风景树种，适于路边列植或草坪中孤植观赏；水石榕花朵繁密，为优良绿化树种，多用于滨水岸边或园路边栽培观赏。	

毛果杜英树体高大，可达30米

水石榕植株低矮，一般不超过6米

毛果杜英叶倒卵状披针形

水石榕叶狭窄倒披针形

毛果杜英的果实有褐色茸毛

水石榕果实光滑

毛果杜英的花

水石榕的花

10. 苹婆与假苹婆

	苹婆（凤眼果）	假苹婆（鸡冠皮、鸡关木）
学名	*Sterculia monosperma*	*Sterculia lanceolata*
科属	梧桐科苹婆属	梧桐科苹婆属
形态	常绿乔木，树皮褐黑色，光滑。	常绿乔木，有板根。
茎	小枝幼时略有星状毛。	小枝幼时被毛。
叶	叶薄革质，矩圆形或椭圆形，长8～25cm，宽5～15cm，顶端急尖或钝，基部浑圆或钝，两面均无毛。	叶椭圆形、披针形或椭圆状披针形。
花	圆锥花序顶生或腋生，柔弱且披散，花梗远比花长；萼初时乳白色，后转为淡红色，钟状，5裂，裂片条状披针形，先端渐尖且向内曲，在顶端互相粘合。	圆锥花序腋生，花淡红色，萼片5枚，无花瓣。
果实	蓇葖果鲜红色，顶端有喙。	蓇葖果鲜红色，顶端有喙。
花果期	花期4～5月，但在10～11月常可见少数植株开第二次花。	花期4～6月。
产地	广东、广西、福建、云南和台湾有分布，喜生于排水良好的肥沃的土壤，印度、越南、印度尼西亚也有分布，多为人工栽培。	产广东、广西、云南、贵州和四川南部，为我国产苹婆属中分布最广的一种，在华南山间很常见，喜生于山谷溪旁。缅甸、泰国、越南、老挝也有分布。
区别	① 苹婆的叶薄革质，矩圆形或椭圆形，较大；② 苹婆的花乳白色，后转为淡红色，钟状，5裂，裂片条状披针形，先端渐尖且向内曲，在顶端互相粘合；③ 苹婆的果实每果内有种子1～4，果实较大。	假苹婆的叶椭圆形、披针形或椭圆状披针形。假苹婆的花淡红色，萼片5枚，仅于基部连合。假苹婆每果有种子2～8个，果实较小。
园林应用	苹婆与假苹婆冠形美观，为优良观花观果绿化树种，园林中常做风景树或庭荫树，孤植物、列植效果均佳。苹婆果实可食，风味佳，但结果量较少。	

假苹婆的叶椭圆形、披针形或椭圆状披针形

苹婆的叶矩圆形或椭圆形，较大

假苹婆的花淡红色，萼片5枚

苹婆的花乳白色，裂片先端渐尖且向内曲，在顶端互相粘合

假苹婆每果有种子2~8个

苹婆的果实每果内有种子1~4个，果较大

假苹婆用于校园绿化

苹婆用于园林绿化

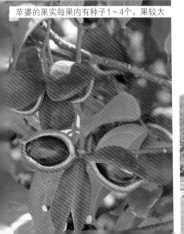

	木槿（篱笆花、朝开暮落花）	朱槿（扶桑、佛桑）
学名	*Hibiscus syriacus*	*Hibiscus rosa-sinensis*
科属	锦葵科木槿属	锦葵科木槿属
形态	落叶灌木，高3～4m。	常绿灌木，高1～3m。
茎	小枝密被黄色星状茸毛。	小枝圆柱形，疏被星状柔毛。
叶	叶菱形至三角状卵形，长3～10cm，宽2～4cm，具深浅不同的3裂或不裂，先端钝，基部楔形，边缘具不整齐齿缺。	叶阔卵形或狭卵形，长4～9cm，宽2～5cm，先端渐尖，基部圆形或楔形，边缘具粗齿或缺刻。
花	花单生于枝端叶腋间，钟形，淡紫色、白色。	花单生于上部叶腋间，常下垂，漏斗形，玫瑰红色或淡红、淡黄等色。
果实	蒴果卵圆形。	蒴果卵形。
花果期	花期7～10月。	花期全年。
产地	几乎全国各地均有栽培，系我国中部各省原产。现世界广泛栽培。	南方广泛栽培。
区别	① 木槿的叶菱形至三角状卵形，具深浅不同的3裂或不裂； ② 木槿的花钟形，雄蕊柱短，一般不伸出花瓣外。	朱槿的叶阔卵形或狭卵形，边缘具粗齿或缺刻。 朱槿的花漏斗形，雄蕊柱较长，多伸出花瓣外，重瓣种雄蕊较短。
园林应用	两者为园林常见栽培植物，朱槿常见于南方，木槿常见于北方。朱槿花期不断，花色繁多，多用于庭园栽培观赏，也可造型。木槿朝开暮落，开花不断，常丛植或列植于草坪、路边、墙垣边观赏。	

木槿的叶菱形至三角状卵形，
具深浅不同的3裂或不裂

朱槿的叶阔卵形或狭卵形

木槿的花钟形，雄蕊一般不伸出花瓣外

朱槿的花漏斗形，雄蕊多伸出花瓣外

朱槿的重瓣花，雄蕊较短

木槿用于园林绿化

朱槿用于园林绿化

12. 秋枫与重阳木

	秋枫（常绿重阳木、大秋枫）	重阳木（乌杨）
学名	*Bischofia javanica*	*Bischofia polycarpa*
科属	大戟科秋枫属	大戟科秋枫属
形态	常绿或半常绿大乔木，高达40m，树干圆满通直。树皮灰褐色至棕褐色，近平滑，老树皮粗糙，内皮纤维质；砍伤树皮后流出汁液红色，干凝后变瘀血状。	落叶乔木，高达15m，树皮褐色，纵裂。
茎	分枝低，主干较短，小枝无毛。	大枝斜展，皮孔明显。
叶	三出复叶，稀5小叶，小叶纸质，卵形、椭圆形、倒卵形或椭圆状卵形，顶端急尖或短尾状渐尖，基部宽楔形至钝，边缘每1cm长有2～3个浅锯齿。	三出复叶，顶生小叶通常较两侧的大，小叶纸质，卵形或椭圆状卵形，有时长圆状卵形，顶端突尖或短渐尖，基部圆或浅心形，边缘每1cm长有4～5个钝细锯齿。
花	雌雄异株，圆锥花序腋生，花小。	雌雄异株，春季与叶同时开放；总状花序常着生于新枝的下部，花序轴纤细而下垂。
果实	浆果圆球形，种子长圆形。	浆果圆球形，成熟时褐红色。
花果期	花期4～5月，果期8～10月。	花期4～5月，果期10～11月。
产地	分布于越南、印度、日本、澳大利亚等。产于我国南部。	产于秦岭、淮河流域以南至福建和广东的北部。
区别	① 秋枫的小叶片边缘每1cm长有2～3个浅锯齿；	重阳木的小叶片边缘每1cm长有4～5个钝细锯齿。
	② 秋枫树皮灰褐色至棕褐色，近平滑，老树皮粗糙；	重阳木树皮褐色，纵裂。
	③ 秋枫为常绿或半常绿乔木。	重阳木为落叶乔木。
园林应用	树形完整美观，枝叶繁茂，是园林中常见的风景树、庭荫树和行道树。	

秋枫的小叶片边缘每1cm
长有2~3个浅锯齿

重阳木的小叶片边缘每1cm长有
4~5个钝细锯齿

秋枫树皮灰褐色至棕褐色，
近平滑，老树皮粗糙

重阳木树皮褐色，纵裂

秋枫为常绿或半常绿乔木

重阳木为落叶乔木

秋枫的三出复叶

重阳木的三出复叶

秋枫的果实，可供观赏

13. 紫叶碧桃 与 紫叶李

	紫叶碧桃（红叶桃、紫叶桃）	紫叶李（红叶樱桃李、红叶李、欧洲红叶李）
学名 科属	*Amygdalus persica* 'Atropurpurea' 蔷薇科桃属	*Prunus cerasifera* 'Pissardii' 蔷薇科李属
形态	落叶小乔木，高3~8m，树冠宽广而平展。	落叶小乔木，高达8m。
茎	干皮、枝暗紫红色。	小枝红褐色，无毛，光滑。
叶	叶紫红色，叶片长圆披针形、椭圆披针形或倒卵状披针形，先端渐尖，基部宽楔形。	叶深红色或紫红色，椭圆形、卵形或倒卵形，先端突渐尖或急尖，基部楔形或近圆形，边缘具圆钝锯齿。
花	花单瓣或重瓣，红色。	花单生，先叶开放，萼片5，花白色微带粉红。
果实	核果。	核果近球形，暗红色。
花果期	花期春季。	花期4月，果期8月。
产地	栽培种。	原种产新疆，多生于海拔800~2000m的山坡林中或多石砾的坡地以及峡谷水边等处，中亚至巴尔干半岛均有分布。本种为栽培变型，我国长江流域及以北地区栽培较多。
区别	① 紫叶碧桃的叶子椭圆状披针形至长圆状披针形；	紫叶李的叶子是倒卵形至椭圆状卵形，边缘有圆钝重锯齿。
	② 紫叶碧桃的花较大，花红色；	紫叶李的花较小，花白色微带粉红。
	③ 紫叶碧桃果实大，外被短茸毛。	紫叶李果小，光亮。
园林 应用	树形优美，全株紫红色，是优美的园林色叶树种，常孤植或丛植于草坪、路缘观赏。	

紫叶碧桃的叶子椭圆状披针形至长圆状披针形

紫叶李的叶子是倒卵形至椭圆状卵形，边缘有圆钝重锯齿

紫叶碧桃的花较大，花红色

紫叶李的花较小，花白色微带粉红

紫叶碧桃果实大，外被短茸毛

紫叶李果小，光亮

紫叶碧桃用于园林绿化

紫叶李用于园林绿化

14. 华北珍珠梅与珍珠梅

	华北珍珠梅(吉氏珍珠梅)	珍珠梅(东北珍珠梅、花楸珍珠梅)
学名	*Sorbaria kirilowii*	*Sorbaria sorbifolia*
科属	蔷薇科珍珠梅属	蔷薇科珍珠梅属
形态	灌木,高达3m。	灌木,高达2m。
茎	枝条开展,小枝圆柱形,稍有弯曲。	枝条开展,小枝圆柱形,稍屈曲。
叶	羽状复叶,具有小叶13～21片,小叶对生,披针形至长圆披针形,先端渐尖,稀尾尖,基部圆形至宽楔形,边缘有尖锐重锯齿,小叶柄短或近于无柄。	羽状复叶,小叶片11～17枚,连叶柄长13～23cm,小叶对生,披针形至卵状披针形,先端渐尖,稀尾尖,基部近圆形或宽楔形,边缘有尖锐重锯齿,无柄或近于无柄。
花	顶生大型密集的圆锥花序,白色,雄蕊与花瓣等长或稍短于花瓣。	顶生大型密集圆锥花序,花瓣长圆形或倒卵形,白色,雄蕊长于花瓣1.5～2倍。
果实	蓇葖果长圆柱形。	蓇葖果长圆形。
花果期	花期6～7月,果期9～10月。	花期7～8月,果期9月。
产地	产河北、河南、山东、山西、陕西、甘肃、青海、内蒙古。生于海拔200～1300m山坡阳处、杂木林中。	产东北及内蒙古。生于海拔250～1500m山坡疏林中,原苏联、朝鲜、日本、蒙古亦有分布。
区别	① 华北珍珠梅的花蕊少而短(约20枚左右),长度一般不超过花瓣;	珍珠梅的花蕊多而长(约40枚左右),长度往往超过花瓣。
	② 华北珍珠梅小叶13～21枚。	珍珠梅小叶11～17枚。
园林应用	花、叶秀美,花量大,是北方常见园林花灌木,常孤植或丛植于草地上观赏,也有用作花篱。	

华北珍珠梅的花蕊少而短

珍珠梅的花蕊多而长

华北珍珠梅小叶13~21枚

珍珠梅小叶11~17枚

华北珍珠梅花序

华北珍珠梅用于园林绿化

珍珠梅用于园林绿化

15. 玫瑰⑤现代月季

	玫瑰（刺玫瑰、徘徊花）	现代月季（当代月季、近代月季）
学名	*Rosa rugosa*	*Rosa hybrida*
科属	蔷薇科蔷薇属	蔷薇科蔷薇属
形态	直立灌木，高可达2m。	常绿或半常绿灌木，株高达2m。
茎	有直立或弯曲、淡黄色的皮刺。	枝上有稀疏皮刺。
叶	奇数羽状复叶，小叶5～9，椭圆形或椭圆状倒卵形，先端急尖或圆钝，基部圆形或宽楔形，边缘有尖锐锯齿，叶脉下陷，有褶皱。	奇数羽状复叶，小叶3～5枚，卵状椭圆形。
花	花单生于叶腋，或数朵簇生，芳香，紫红色。	花常数朵簇生，微香，单瓣或重瓣，花色多，有红、黄、白、粉、紫及复色等。
果实	瘦果，果扁球形。	瘦果。
花果期	花期5～6月，果期8～9月。	花期几乎全年。
产地	原产我国华北以及日本和朝鲜。我国各地均有栽培。	园艺品种。
区别	① 玫瑰小叶5～9枚，表面有褶皱；	现代月季小叶3～5枚，表面平滑。
	② 玫瑰花紫红色，园艺种有白、粉红等；	现代月季色彩丰富。
	③ 玫瑰花期5～6月。	现代月季花期近全年。
园林应用	目前市场销售的盆栽培玫瑰及切花玫瑰，大多是现代月季，玫瑰极少有盆栽，更没有用于切花生产，现在在大多场合所说的玫瑰，均是现代月季的习惯叫法。玫瑰芳香，花繁盛，在北方常用于园林绿化，适合路边、庭园等栽培观赏。现代月季为我国十大名花之一，花大色艳，花形优雅美丽，花期长，多用于庭园绿化或专类园，也是我国著名切花。	

玫瑰小叶5~9枚，表面有褶皱

现代月季小叶3~5枚，表面平滑

玫瑰花紫红色

现代月季花色色彩丰富

玫瑰用于道路绿化

现代月季用于园林绿化

16. 桃与杏

	桃（毛桃、白桃）	杏（杏树、杏子、杏花）
学名	*Amygdalus persica*	*Armeniaca vulgaris*
科属	蔷薇科桃属	蔷薇科杏属
形态	落叶乔木，高3～8m；树皮暗红褐色，老时粗糙呈鳞片状。	落叶小乔木，高5～8m；树冠圆形、扁圆形或长圆形；树皮灰褐色，纵裂。
茎	小枝细长，有光泽，绿色，向阳处转变成红色，具大量小皮孔。	多年生枝浅褐色，皮孔大而横生。
叶	叶椭圆披针形，先端渐尖，基部宽楔形，上面无毛，下面在脉腋间具少数短柔毛或无毛，叶边具细锯齿或粗锯齿。	叶片宽卵形或圆卵形，长5～9cm，宽4～8cm，先端急尖至短渐尖，基部圆形至近心形，叶边有圆钝锯齿，叶柄基部常具1～6腺体。
花	花单生，先于叶开放，粉红色，也有白色，园艺种有重瓣、半重瓣。	花单生，先于叶开放，白色或带红色。
果实	果实形状及大小依品种不同而不同，常在向阳面有红晕。	果实球形，白色、黄色至黄红色，常具红晕。
花果期	花期3～4月，果期8～9月。	花期3～4月，果期6～7月。
产地	原产我国，各省区广泛栽培。世界各地均有栽植。	产全国各地，多数为栽培，尤以华北、西北和华东地区种植较多。世界各地也均有栽培。
区别	① 桃的叶椭圆状披针形；	杏的叶宽卵形或圆卵形。
	② 桃的花粉红色、红色；	杏的花白色或带红色。
	③ 桃的花萼不反折，萼片背面有茸毛；	杏开花后萼会反折，萼片背面没有茸毛。
	④ 桃果大，有茸毛，多单生。	杏果较小，近光滑，常多个簇生在一起。
园林应用	树形美观，花色淡雅，是著名的早春开花植物。园林中常孤植、丛植于草地或路旁观赏。	

桃的叶椭圆状披针形

杏的叶宽卵形或圆卵形

桃的粉红色花

杏的花白色或带红色

桃的红色花

桃的花萼不反折，萼片背面有茸毛

杏开花后萼会反折，
萼片背面没有茸毛

桃的果实

杏的果实

桃用于园林绿化　　　　　　杏用于庭园绿化

17. 含羞草与巴西含羞草

	含羞草 （知羞草、喝呼草）	巴西含羞草 （无刺含羞草、美洲含羞草）
学名	*Mimosa pudica*	*Mimosa invisa*
科属	豆科含羞草属	豆科含羞草属
形态	披散、亚灌木状草本，高可达1m。	直立、亚灌木状草本。
茎	茎圆柱状，有散生、下弯的钩刺及倒生刺毛。	茎攀援或平卧，五棱柱状，沿棱上密生钩刺，其余被疏长毛，老时毛脱落。
叶	二回偶数羽状复叶，羽片和小叶触之即闭合而下垂；羽片通常2对，小叶10~20对，线状长圆形，先端急尖，边缘具刚毛。	二回羽状复叶，总叶柄及叶轴有钩刺4~5列；羽片（4）7~9对，小叶（12）20~30对，线状长圆形，长3~5mm，被白色长柔毛。
花	头状花序圆球形，花小，淡红色，多数，花冠钟状，雄蕊伸出花冠之外。	头状花序1或2个生于叶腋，紫红色，花冠钟状，雄蕊8枚，花丝长为花冠的数倍。
果实	荚果长圆形，扁平，荚缘波状，具刺毛。	荚果长圆形，边缘及荚节有刺毛。
花果期	花期3~10月；果期5~11月。	花果期3~9月。
产地	产台湾、福建、广东、广西、云南等地。生于旷野荒地、灌木丛中。原产热带美洲，现广布于世界热带地区。	产广东。栽培或逸生于旷野、荒地。原产巴西。
区别	① 含羞草羽片通常2对，小叶10~20对； ② 含羞草花淡红色，雄蕊伸出花冠之外，呈圆球状。	巴西含羞草羽片（4）7~9对，小叶（12）20~30对。 巴西含羞草头状花序1或2个生于叶腋，紫红色，花丝长为花冠的数倍。
园林应用	羽叶纤秀，花多而清秀，楚楚动人，可用于庭园一隅、水岸边或墙垣边栽植观赏，或盆栽于窗口案几观赏。其叶片一碰即闭合，可用于科普植于校园、幼儿园等处。	

含羞草羽片通常2对，小叶10~20对

巴西含羞草羽片（4）7~9对，小叶（12）20~30对

含羞草花淡红色

巴西含羞草果实

巴西含羞草头状
花序1或2个生于
叶腋，紫红色

含羞草果实

含羞草用于园林绿化

野生的巴西含羞草

	大叶相思 （耳果相思、耳叶相思）	台湾相思 （台湾柳）
学名	*Acacia auriculiformis*	*Acacia confusa*
科属	豆科金合欢属	豆科金合欢属
形态	常绿大乔木。	常绿乔木，高6～15m。
茎	枝条下垂，树皮平滑，灰白色。	枝灰色或褐色，无刺，小枝纤细。
叶	叶退化，叶状柄镰状长圆形，长10～20cm，宽1.5～4(6)cm，两端渐狭，比较显著的主脉有3～7条。	叶退化，叶状柄革质，披针形，长6～10cm，宽5～13mm，直或微呈弯镰状，两端渐狭，先端略钝。
花	穗状花序，1至数枝簇生于叶腋或枝顶，橙黄色。	头状花序球形，单生或2～3个簇生于叶腋，直径约1cm，金黄色，有微香。
果实	荚果成熟时旋卷，种子黑色。	荚果扁平，于种子间微缢缩，顶端钝而有凸头。
花果期	花期7～8月及10～12月，果期12月至翌年5月。	花期3～10月；果期8～12月。
产地	原产澳大利亚北部及新西兰。广东、广西、福建有引种栽培。	产我国台湾、福建、广东、广西、云南；野生或栽培，为华南地区荒山造林、水土保持和沿海防护林的重要树种。菲律宾、印度尼西亚、斐济亦有分布。
区别	① 大叶相思穗状花序；	台湾相思头状花序。
	② 大叶相思的叶状柄镰状长圆形，长10～20cm；	台湾相思的叶状柄直或微呈弯镰状，披针形，长6～10cm。
	③ 大叶相思的荚果旋卷。	台湾相思的荚果扁平，于种子间微缢缩，不卷曲。
园林应用	树形美观，四季常青，花色金黄艳丽，常作为行道树、庭荫树、风景树来观赏。	

大叶相思穗状花序

台湾相思头状花序

大叶相思的叶状柄镰状长圆形

台湾相思的叶状柄直或微呈弯镰状

大叶相思的果实

台湾相思的果实

大叶相思的园林应用

台湾相思的园林应用

	李叶羊蹄甲（二裂片羊蹄甲）	首冠藤（深裂叶羊蹄甲）
学名	*Bauhinia didyma*	*Bauhinia corymbosa*
科属	豆科羊蹄甲属	豆科羊蹄甲属
形态	藤本。	常绿木质藤本，嫩枝、花序和卷须的一面被红棕色小粗毛。
茎	枝纤细，卷须单生。	枝纤细，卷须单生或成对。
叶	叶分裂至近基部，裂片斜倒卵形，先端圆钝，基部截平，除下面基部脉腋间有红色短髯毛外两面无毛；基出脉每裂片3条。	叶纸质，近圆形，自先端深裂达叶长的1/2～3/4，裂片先端圆，基部近截平或浅心形，基出脉7条。
花	总状花序顶生，白色。	总状花序顶生于侧枝上，花芳香，白色，有（粉）红色脉纹。
果实	荚果带状长圆形，扁平。	荚果带状长圆形，扁平。
花果期	花期春、秋。	花期4～6月；果期9～12月。
产地	产广东西部和广西。生于海拔100m的山腰灌丛中或300～500m的山谷溪边疏林中。	产广东、海南，生于山谷疏林中或山坡阳处。世界热带、亚热带地区有栽培供观赏。
区别	① 李叶羊蹄甲的叶分裂至近基部；	首冠藤的叶深裂达叶长的1/2～3/4。
	② 两者花大小相似，李叶羊蹄甲的花白色。	首冠藤的花瓣有红色脉纹。
园林应用	叶形独特，花期长，色彩淡雅，是园林垂直绿化的好材料。	

李叶羊蹄甲的叶分裂至近基部

首冠藤的叶深裂达叶长的1/2～3/4

李叶羊蹄甲的花白色

首冠藤的花瓣有红色脉纹

首冠藤用于园林绿化

李叶羊蹄甲用于园林绿化

	红花羊蹄甲（紫荆花、红花紫荆）	羊蹄甲（弯叶树、宫粉羊蹄甲）	洋紫荆（玲甲花）
学名	*Bauhinia × blakeana*	*Bauhinia purpurea*	*Bauhinia variegata*
科属	豆科羊蹄甲属	豆科羊蹄甲属	豆科羊蹄甲属
形态	乔木。	乔木或直立灌木。	落叶乔木；树皮暗褐色，近光滑。
茎	分枝多，小枝细长。	枝初时略被毛，毛渐脱落。	枝广展，硬而稍呈之字曲折。
叶	叶互生，革质，近圆形或阔心形，长8.5～13cm，宽9～14cm，基部浅心形，先端2裂达叶长的1/4～1/3，裂片顶钝或狭圆，基出脉11～13条。	叶硬纸质，近圆形，长10～15cm，宽9～14cm，基部浅心形，先端分裂达叶长的1/3～1/2，基出脉9～11条。	叶近革质，广卵形至近圆形，宽度常超过于长度，长5～9cm，宽7～11cm，基部浅至深心形，有时近截形，先端2裂达叶长的1/3，裂片阔，钝头或圆，基出脉(9)13条。
花	总状花序顶生或腋生，紫红色，有香味。花5瓣，其中4瓣分列两侧，两两相对，而另一瓣翘首上方。能育雄蕊5枚，3枚较长。	总状花序侧生或顶生，花瓣桃红色，倒披针形，能育雄蕊3。	伞房花序，花瓣紫红色或淡红色，杂以黄绿色及暗紫色的斑纹，近轴一片较阔；能育雄蕊5。
果实	不结果。	荚果带状，扁平，略呈弯镰状，成熟时开裂，果瓣扭曲。	荚果带状，扁平。
花果期	以冬季为盛，全年可见花。	花期9～11月；果期2～3月。	花期全年，3月最盛。
产地	原产香港，现广东、香港多栽培。为广州主要的庭园树之一。	产我国南部。中南半岛、印度、斯里兰卡有分布。	产我国南部。印度、中南半岛有分布。
区别	①红花羊蹄甲能育雄蕊5枚，花瓣较阔，具短柄，紫红色；②红花羊蹄甲和羊蹄甲的叶子较大，形似，花后不结果；③主花期为冬季；	羊蹄甲具能育雄蕊3枚，花桃红色，且花瓣狭窄，具长柄；羊蹄甲和洋紫荆花后能结果，红花羊蹄甲花后结果。主花期为春季；	洋紫荆雄蕊5枚，花紫红色或淡红色，杂以黄绿色及暗紫色斑纹。洋紫荆的叶子较小，长小于宽，花后结果。主花期为秋季，花瓣具较长的瓣柄。
园林应用	均为美丽的观赏树种，树形优美，叶形独特，开花时节，极为繁盛，目前在华南等地，大量用于绿化，形成独特的景观，每年花开时节，游人如织，多用于路边、建筑物前、滨水岸边或用于专类园。		

红花羊蹄甲的花，能育雄蕊5

红花羊蹄甲叶较大，通常不结实

羊蹄甲的花，能育雄蕊3

羊蹄甲的叶较大，结实

洋紫荆的花，能育雄蕊5

洋紫荆的叶较小，结实

红花羊蹄甲用于园林绿化

羊蹄甲用于园林绿化

洋紫荆用于园林绿化

	凤凰木（凤凰花、红花楹）	南洋楹（楹树）	蓝花楹（含羞草叶楹）
学名	*Delonix regia*	*Falcataria moluccana*	*Jacaranda mimosifolia*
科属	豆科凤凰木属	豆科南洋楹属	紫葳科蓝花楹属
形态	落叶乔木，高达20m。	常绿大乔木，树干通直。	落叶乔木，高达15m。
茎	分枝多而开展。	嫩枝圆柱状或微有棱。	枝条细长。
叶	二回偶数羽状复叶，长20～60cm，具托叶，叶柄长7～12cm，光滑至被短柔毛，上面具槽，基部膨大呈垫状；羽片对生，15～20对，小叶25对，密集对生，长圆形，长4～8mm，先端钝，基部偏斜，边全缘，小叶柄短。	二回偶数羽状复叶，羽片6～20对，上部的通常对生，下部的有时互生；总叶柄基部及叶轴中部以上羽片着生处有腺体；小叶6～26对，无柄，菱状长圆形，长1～1.5cm，中脉偏于上边缘。	2回奇数羽状复叶，对生，羽片通常在16对以上，每1羽片有小叶16～24对；小叶椭圆状披针形至椭圆状菱形，长6～12mm，顶端急尖，基部楔形，全缘。
花	伞房花序顶生或腋生；鲜红至橙红色，花瓣5，匙形，红色，开花后向花萼反卷。	穗状花序腋生，单生或数个组成圆锥花序；花小，长5～7mm，初白色，后变黄。	圆锥花序顶生或腋生，花蓝色，花序长达30cm。
果实	荚果带形，扁平。	荚果带形，长10～13cm。	蒴果木质，扁卵圆形，中部较厚，四周逐渐变薄。
花果期	花期6～7月，果期8～10月。	花期4～7月。	每年春末夏初（5～6月）和秋季两次开花。
产地	原产马达加斯加，世界热带地区常栽种。我国云南、广西、广东、福建、台湾等省栽培。	我国福建、广东、广西有栽培。原产马六甲及印度尼西亚马鲁古群岛，现广植于各热带地区。	原产南美洲巴西、玻利维亚、阿根廷。我国广东（广州）、海南、广西、福建、云南南部有栽培。
区别	① 花大，红色； ② 主脉在中间，小叶25对； ③ 叶轴有一个沟槽，而且在羽片着生的部位闭合。	花极小，乳白色。 偶数羽状复叶，小叶叶尖不尖，南洋楹的主脉靠近上侧，小叶6～26对； 从复叶叶轴观察，南洋楹的叶轴在基部和靠近顶部有腺体。	花是蓝色。 奇数羽状复叶，小叶长、叶尖较尖，主脉在中间，小叶16～24对。 叶轴也有一个沟槽，但不闭合。
园林应用	三种植物树体高大，秀丽挺拔，枝繁叶茂，是南方园林中常见的风景树、庭荫树和行道树。		

凤凰木花红色

蓝花楹花蓝色

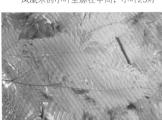
凤凰木的小叶主脉在中间，小叶25对

南洋楹花小，白色

凤凰木的叶

蓝花楹的叶

南洋楹的叶脉靠上，小叶6~26对

蓝花楹为奇数羽状复叶，叶尖较
尖，主脉在中间，小叶16~24对

南洋楹的叶

蓝花楹叶轴上的沟槽

凤凰木叶轴上的沟槽

南洋楹叶轴上的腺体

凤凰木的园林应用　　蓝花楹的园林应用　　　　　　　南洋楹的园林应用

	黄槐决明（黄槐）	双荚决明（双荚槐）
学名	*Senna surattensis*	*Senna bicapsularis*
科属	豆科决明属	豆科决明属
形态	灌木或小乔木，高5～7m。树皮颇光滑，灰褐色。	直立灌木。
茎	分枝多，小枝有肋条；嫩枝、叶轴、叶柄被微柔毛。	多分枝，黑紫色，中空。
叶	叶长10～15cm，在叶轴上面最下2或3对小叶之间和叶柄上部有棍棒状腺体2～3枚；小叶7～9对，长椭圆形或卵形，下面粉白色，被疏散、紧贴的长柔毛，边全缘。	叶长7～12cm，有小叶3～4对；小叶倒卵形或倒卵状长圆形，顶端圆钝，基部渐狭，偏斜；在最下方的一对小叶间有黑褐色线形而钝头的腺体1枚。
花	总状花序生于枝条上部的叶腋内；花瓣鲜黄至深黄色。	伞房花序，鲜黄色。
果实	荚果扁平，带状，开裂，顶端具细长的喙。	荚果圆柱状。
花果期	花果期几全年。	花期10～11月；果期11月至翌年3月。
产地	原产东南亚地区，全世界均有栽培。我国于广西、广东、福建、台湾等省区常见。	原产美洲热带地区，现广布于全世界热带地区。广东、广西等省区常见栽培。
区别	① 黄槐决明10枚雄蕊最下两个稍长；	双荚决明雄蕊10枚，3枚特大，高出于花瓣，其中一枚在下面，常常看成2枚雄蕊高出花瓣。
	② 黄槐决明具小叶7～9对，叶轴上面最下2或3对小叶之间和叶柄上部有棍棒状腺体2～3枚；	双荚决明小叶3～4对，在叶轴最下方的一对小叶间有黑褐色线形而钝头的腺体1枚。
	③ 黄槐决明荚果扁平带状。	双荚决明荚果圆柱状。
园林应用	两种植物花色金黄，花量较多，亮丽而壮观，常丛植、片植于庭院、林缘、路旁、湖缘来观赏。	

黄槐决明10枚雄蕊最下两个稍长　　　　　双荚决明雄蕊3枚特大，高出于花瓣

黄槐决明具小叶7～9对　　　　　　　　双荚决明小叶3～4对

黄槐决明荚果扁平带状　　　　　　　　双荚决明荚果圆柱状

黄槐决明用于路边绿化

双荚决明用于园林绿化

23. 槐与刺槐

	槐（槐树、国槐）	刺槐（洋槐）
学名	*Sophora japonica*	*Robinia pseudoacacia*
科属	豆科槐属	豆科刺槐属
形态	落叶乔木，高达25m；树皮灰褐色，具纵裂纹。	落叶乔木，高10～25m；树皮灰褐色至黑褐色，浅裂至深纵裂，稀光滑。
茎	当年生枝绿色，无毛。	小枝灰褐色，幼时有棱脊，微被毛，后无毛；具托叶刺。
叶	奇数羽状复叶长达25cm，托叶早落，叶柄基部膨大，包裹着芽；小叶4～7对，对生或近对生，纸质，卵状披针形或卵状长圆形，先端渐尖，具小尖头，基部宽楔形或近圆形，稍偏斜。	奇数羽状复叶，叶轴上面具沟槽；小叶2～12对，常对生，椭圆形、长椭圆形或卵形，先端圆，微凹，具小尖头，基部圆至阔楔形，全缘。
花	圆锥花序顶生，白色或淡黄色，有紫色脉纹。	总状花序腋生，下垂，白色，芳香。
果实	荚果串珠状，种子间缢缩不明显。	荚果线状长圆形，扁平。
花果期	花期7～8月，果期8～10月。	花期4～6月，果期8～9月。
产地	原产中国，现南北各省区广泛栽培，华北和黄土高原地区尤为多见。日本、越南也有分布，朝鲜并见有野生，欧洲、美洲各国均有引种。	原产美国东部，17世纪传入欧洲及非洲。我国现各地广泛栽植。
区别	① 槐花序为圆锥花序顶生，常呈金字塔形；	刺槐总状花序腋生，下垂。
	② 槐的荚果串珠状；	刺槐的荚果扁平。
	③ 槐为奇数羽状复叶，小叶4～7对，对生或近对生。	刺槐为奇数羽状复叶，小叶2～12对，常对生。
园林应用	两者均为著名观赏树种，在我国长江流域以及以北广泛栽培，树冠宽广，枝叶茂盛，寿命长，适应性强，常用作行道树和庭荫树。	

槐花序为圆锥花序顶生，常呈金字塔形

刺槐总状花序腋生，下垂

刺槐的荚果线状长圆形，扁平

槐的荚果串珠状

刺槐小叶2～12对，常对生

槐小叶4～7对，对生或近对生

槐用于园林绿化

刺槐用于园林绿化

24. 三球悬铃木、二球悬铃木与一球悬铃木

	三球悬铃木（法国梧桐、法桐）	二球悬铃木（英国梧桐、英桐）	一球悬铃木（美国梧桐、美桐）
学名	*Platanus orientalis*	*Platanus × hispanica*	*Platanus occidentalis*
科属	悬铃木科悬铃木属	悬铃木科悬铃木属	悬铃木科悬铃木属
形态	落叶大乔木，高达30m，树皮薄片状脱落。	落叶大乔木，高30余米；树皮光滑，大片块状脱落。	落叶大乔木，高40余米；树皮有浅沟，呈小块状剥落。
茎	嫩枝被黄褐色茸毛，老枝秃净，干后红褐色，有细小皮孔。	嫩枝密生灰黄色茸毛；老枝秃净，红褐色。	嫩枝有黄褐色茸毛。
叶	叶大，阔卵形，基部浅三角状心形或近于平截，上部掌状5～7裂，稀为3裂，中央裂片深裂过半，两侧裂片稍短，边缘有少数裂片状粗齿。	叶阔卵形，宽12～25cm，长10～24cm，基部截形或微心形，上部掌状5裂，有时7裂或3裂；中央裂片阔三角形，宽度与长度约相等；裂片全缘或有1～2个粗大锯齿。	叶大，阔卵形，通常3浅裂，稀为5浅裂，宽10～22cm，长度比宽度略小；基部截形，阔心形，或稍呈楔形；裂片短三角形，宽度远较长度为大，边缘有数个粗大锯齿。
花	花4数。	头状花序，花通常4数，花瓣矩圆形。	头状花序，常4～6数。
果实	球果，3～5个。	果枝有头状果序1～2个，稀为3个，常下垂。	球果单生，稀为2个。
花果期	花期春季，果实夏秋。	花期春季，果期夏秋。	花期春季，果期夏秋。
产地	原产欧洲东南部及亚洲西部，久经栽培，长江流域一带常见栽培。	栽培种。	原产北美洲，现广泛被引种至我国北部及中部。
区别	① 三球悬铃木的叶5～7深裂至中部或更深，稀3裂；	二球悬铃木叶阔卵形，上部掌状5裂，有时7裂或3裂；	一球悬铃木通常3裂，稀为5浅裂。
	② 三球悬铃木球果3～6个一串。	二球悬铃木球果多为2个。	一球悬铃木球果常单生。
园林应用	树形高大雄伟，叶大浓荫，干皮斑驳、光滑，硕果累累，生长迅速，适应性强，园林中常用做行道树、风景树和庭荫树。		

三球悬铃木的叶5~7深裂至中部或更深,稀3裂

二球悬铃上部掌状5裂,有时7裂或3裂

一球悬铃木通常3裂,稀为5浅裂

三球悬铃木球果3~6个一串

二球悬铃木球果多为2个

一球悬铃木球果常单生

二球悬铃木花序

三球悬铃木花序

一球悬铃木花序

三球悬铃木用于绿化

二球悬铃木用于绿化

一球悬铃木用于绿化

25. 绦柳与垂柳

	绦柳	垂柳（垂丝柳）
学名	*Salix matsudana* 'Pendula'	*Salix babylonica*
科属	杨柳科柳属	杨柳科柳属
形态	落叶乔木，高达18m。树皮暗灰黑色，有裂沟。	落叶乔木，高达12～18m。树皮灰黑色，不规则开裂。
茎	枝细长，下垂，小枝黄色。	枝细，下垂，小枝褐色。
叶	叶披针形，长5～10cm，宽1～1.5cm，先端长渐尖，基部窄圆形或楔形，有细腺锯齿缘，下面苍白色或带白色。	叶狭披针形或线状披针形，下面带绿色，长9～16cm，锯齿缘。
花	花序与叶同时开放，雌花有2腺体。	花序先叶开放，或与叶同时开放。雌花仅有1枚腺体，雄花有2个雄蕊。
果实	果序长达2（2.5）cm。	蒴果黄褐色，种子细小，具丝状毛。
花果期	花期4月，果期4～5月。	花期3～4月，果期4～5月。
产地	产东北、华北、西北、上海等地，多栽培为绿化树种。	产长江流域与黄河流域，其他各地均栽培，在亚洲、欧洲、美洲各国均有引种。
区别	①绦柳枝细长，下垂，小枝黄色；	垂柳的枝条下垂，小枝褐色。
	②绦柳的叶披针形，长5～10cm，宽1～1.5cm；	垂柳的叶狭披针形，长9～16cm，宽0.5～1.5cm。
	③绦柳树皮暗灰黑色，有裂沟；	垂柳树皮灰黑色，不规则开裂。
	④绦柳的雌花有2腺体。	垂柳雌花仅有1枚腺体。
园林应用	树势优美，枝条纤细悬垂，飘逸灵动，是我国应用广泛的园林树种，多植于河堤、岸边做风景树、行道树等观赏。	

绦柳枝细长，下垂，小枝黄色

垂柳的枝条下垂，小枝褐色

垂柳的叶狭披针形，
长9~16cm，宽0.5~1.5cm

绦柳的叶披针形，
长5~10cm，宽1~1.5cm

垂柳树皮灰黑色，不规则开裂

绦柳树皮暗灰黑色，有裂沟

垂柳枝叶局部

绦柳用于园林绿化

垂柳用于园林绿化

26. 地锦与三叶地锦

	地锦 （爬山虎、爬墙虎）	三叶地锦 （三叶爬山虎、异叶地锦）
学名	*Parthenocissus tricuspidata*	*Parthenocissus semicordata*
科属	葡萄科地锦属	葡萄科地锦属
形态	木质藤本。	木质藤本。
茎	小枝圆柱形，卷须5～9分枝，相隔2节间断与叶对生。卷须顶端嫩时膨大呈圆珠形，后遇附着物扩大成吸盘。	小枝圆柱形，卷须总状4～6分枝，相隔2节间断与叶对生，顶端嫩时尖细卷曲，后遇附着物扩大成吸盘。
叶	单叶，通常着生在短枝上为3浅裂，幼枝上的叶较小，常不分裂，有较粗锯齿；叶片通常倒卵圆形，顶端裂片急尖，基部心形，边缘有粗锯齿，绿色。	叶为3小叶，着生在短枝上，中央小叶倒卵椭圆形或倒卵圆形，侧生小叶卵椭圆形或长椭圆形，基部不对称，营养枝上的叶为单叶，心状卵形或心状圆形，边缘有4～5个细牙齿。
花	多歧聚伞花序着生在短枝上，花瓣5。	多歧聚伞花序着生在短枝上。
果实	果实球形。	果实近球形。
花果期	花期5～8月，果期9～10月。	花期5～7月，果期9～10月。
产地	产吉林、辽宁、河北、河南、山东、安徽、江苏、浙江、福建、台湾，生山坡崖石壁或灌丛，海拔150～1200m。朝鲜、日本也有分布。	产甘肃、陕西、湖北、四川、贵州、云南、西藏，生山坡林中或灌丛，海拔500～3800m。缅甸、泰国、印度也有分布。
区别	① 幼枝上的叶较小，常不分裂，有较粗锯齿； ② 叶为单叶，通常着生在短枝上的为3浅裂。	营养枝上的叶为单叶，心状卵形或心状圆形，边缘有4～5个细牙齿。 叶为掌状复叶。
园林应用	为著名的垂直绿化植物，抗性强，耐热、耐寒，枝叶茂密，入秋落叶前会变为红色，是秋色叶树种。多用于山石、墙壁、高架桥等立体绿化。	

三叶地锦营养枝上的叶为单叶，边缘有4~5个细齿牙

三叶地锦的叶为掌状复叶

地锦幼枝上的叶较小，常不分裂，有较粗锯齿

地锦的叶为单叶，通常着生在短枝上的为3浅裂

地锦的果实

三叶地锦的果实

三叶地锦的花

地锦用于墙面绿化

三叶地锦用于山石绿化

27. 龙眼⑤荔枝

	龙眼（桂圆）	荔枝（丹荔）
学名	*Dimocarpus longan*	*Litchi chinensis*
科属	无患子科龙眼属	无患子科荔枝属
形态	常绿乔木，高10余米，具板根，树皮粗糙纵裂。	常绿乔木，高常不超过10m，树皮灰黑色，光滑。
茎	小枝粗壮，被微柔毛，散生苍白色皮孔。	小枝圆柱状，褐红色，密生白色皮孔。
叶	一回羽状复叶，小叶4~5对，薄革质，长圆状椭圆形至长圆状披针形，长6~15cm，顶端短尖，有时稍钝头，基部极不对称。	一回羽状复叶，小叶2或3对，薄革质或革质，披针形或卵状披针形，有时长椭圆状披针形，长6~15cm，顶端骤尖或尾状短渐尖，全缘，腹面深绿色，有光泽，背面粉绿色。
花	花序大型顶生和近枝顶腋生，密被星状毛，乳白色。	花序顶生，阔大，多分枝。
果实	球果黄褐色，外面稍粗糙，或少有微凸的小瘤体。	球果暗红色至鲜红色。
花果期	花期春夏间，果期夏季。	花期春季，果期夏季。
产地	我国西南部至东南部栽培很广，以福建最盛，广东次之。亚洲南部和东南部也常有栽培。	产我国西南部、南部和东南部，尤以广东和福建南部栽培最盛。亚洲东南部也有栽培。
区别	① 龙眼的果实黄褐色或灰黄色；	荔枝的果实暗红色至鲜红色。
	② 龙眼的树皮粗糙纵裂；	荔枝的树皮光滑。
	③ 龙眼的小叶4~5对，小叶数也有奇数，薄革质；	荔枝的小叶2或3对，薄革质或革质。
	④ 龙眼有花瓣，乳白色，雄蕊短，矮于雌蕊；	荔枝无花瓣，雄蕊6~7，有时8，高出雌蕊。
	⑤ 龙眼的小叶基部极不对称。	荔枝的小叶基部基本对称。
园林应用	龙眼与荔枝是南方著名的水果，同时也是园林中常见的风景树、庭荫树，也常用于专类园。	

龙眼的果实黄褐色或灰黄色

荔枝的果实暗红色至鲜红色

龙眼的树皮粗糙纵裂

荔枝的树皮光滑

龙眼的小叶4~5对，薄革质

荔枝的小叶2或3对，薄革质或革质

龙眼有花瓣，乳白色，雄蕊短，矮于雌蕊

荔枝无花瓣，雄蕊6~7，有时8，高出雌蕊

龙眼小叶基部极不对称

荔枝的小叶基部基本对称

龙眼

荔枝

	鹅掌柴（鸭脚木）	鹅掌藤（七叶莲）
学名	*Schefflera heptaphylla*	*Schefflera arboricola*
科属	五加科鹅掌柴属	五加科鹅掌柴属
形态	乔木或灌木，高2～15m。	藤状灌木，高2～3m。
茎	小枝粗壮。	小枝有不规则纵皱纹。
叶	掌状复叶，小叶6～9，最多至11；小叶片纸质至革质，椭圆形、长圆状椭圆形或倒卵状椭圆形，稀椭圆状披针形，长9～17cm，宽3～5cm，先端急尖或短渐尖，稀圆形，基部渐狭，楔形或钝形，边缘全缘，但在幼树时常有锯齿或羽状分裂。	掌状复叶，小叶7～9，稀5～6或10；革质，有光泽，倒卵状长圆形或长圆形，长6～10cm，宽1.5～3.5cm，先端急尖或钝形，稀短渐尖，基部渐狭或钝形，边缘全缘。
花	圆锥花序顶生，花白色，开花时反曲。	圆锥花序顶生，花白色。
果实	果实球形，黑色，有不明显的棱。	果实卵形，有5棱。
花果期	花期11～12月，果期12月。	花期7月，果期8月。
产地	广布于西藏、云南、广西、广东、浙江、福建和台湾，为热带、亚热带地区常绿阔叶林常见的植物，有时也生于阳坡上。日本、越南和印度也有分布。	产于台湾、广西及广东。生于谷地密林下或溪边较湿润处，常附生于树上。
区别	①鹅掌柴为乔木或灌木，叶有小叶6～9，最多至11；②鹅掌柴在幼树时小叶叶缘常有锯齿或羽状分裂；③鹅掌柴的果实有不明显的棱，黑色。	鹅掌藤为藤状灌木，有小叶7～9，稀5～6或10。鹅掌藤小叶全缘。鹅掌藤的果实有5棱，黄至红色。
园林应用	叶形秀丽可爱，耐阴，适应性强，园林中常丛植或群植观赏，也可做绿篱，近年来有用作盆景观赏。	

鹅掌柴有小叶6~9，最多至11

鹅掌藤有小叶7~9，稀5~6或10

鹅掌柴在幼树时小叶叶缘常有锯齿
或羽状分裂

鹅掌藤叶全缘

鹅掌柴的果实有不明显的棱，果黑色

鹅掌藤的果实有5棱，果红
色或黄色

鹅掌柴的花

鹅掌藤用于
园林绿化

鹅掌柴植株局部

	迎春（迎春花，金腰带）	连翘（黄花条、落翘）
学名	*Jasminum nudiflorum*	*Forsythia suspensa*
科属	木犀科素馨属	木犀科连翘属
形态	落叶灌木。	落叶灌木。
茎	直立或匍匐，枝条下垂。枝稍扭曲，小枝四棱形。	枝开展或下垂，小枝土黄色或灰褐色，略呈四棱形，节间中空，节部具实心髓。
叶	叶对生，三出复叶，小枝基部常具单叶；小叶片卵形、长卵形或椭圆形，狭椭圆形，稀倒卵形，先端锐尖或钝，具短尖头，基部楔形。	叶通常为单叶，或3裂至三出复叶，叶先端锐尖，基部圆形、宽楔形至楔形，叶缘除基部外，具锐锯齿或粗锯齿。
花	花单生于去年生小枝的叶腋，花萼绿色，花冠黄色，裂片5～6枚。	花通常单生或2至数朵着生于叶腋，先于叶开放；花萼绿色，花冠黄色，花瓣4。
果实	极少见果。	果卵球形、卵状椭圆形或长椭圆形。
花果期	花期2～4月。	花期3～4月，果期7～9月。
产地	产于甘肃、陕西、四川、云南西北部，西藏东南部，生海拔800～2000m山坡灌丛中。	产于河北、山西、陕西、山东、安徽西部、河南、湖北、四川，生海拔250～2200m山坡灌丛、林下或草丛中，或山谷、山沟疏林中。
区别	① 迎春茎绿色，四棱形；	连翘茎灰褐色，略呈四棱形，节间中空。
	② 迎春为复叶；	连翘叶多数为单叶，或3裂至三出复叶。
	③ 迎春花瓣5～6。	连翘花瓣4。
园林应用	两者在我国长江流域及华北地区的园林中广泛应用，为著名的早春观花树种，适合公园、庭院等园路边、水岸边及花台等种植，也可用作花篱。	

迎春茎绿色，四棱形

连翘茎灰褐色，略呈四棱形

迎春为复叶

连翘叶多数为单叶，或3裂至三出复叶（吴棣飞提供）

迎春花瓣5~6

连翘花瓣4

迎春用于园林绿化

连翘用于园林绿化

	连翘（黄花条、落翘）	金钟花（金钟连翘）
学名	*Forsythia suspensa*	*Forsythia viridissima*
科属	木犀科连翘属	木犀科连翘属
形态	落叶灌木。	落叶灌木，高可达3m。
茎	枝开展或下垂，小枝土黄色或灰褐色，略呈四棱形，节间中空，节部具实心髓。	枝直立，小枝绿色或黄绿色，四棱形，皮孔明显，具片状髓。
叶	叶通常为单叶，或3裂至三出复叶，叶先端锐尖，基部圆形、宽楔形至楔形，叶缘除基部外具锐锯齿或粗锯齿。	叶片长椭圆形至披针形，或倒卵状长椭圆形，先端锐尖，基部楔形，通常上半部具不规则锐锯齿或粗锯齿，稀近全缘，上面深绿色，下面淡绿色。
花	花通常单生或2至数朵着生于叶腋，先于叶开放；花萼绿色，花冠黄色，花瓣4。	花1～3朵着生于叶腋，先于叶开放；深黄色，内面基部具橘黄色条纹，反卷。
果实	果卵球形、卵状椭圆形或长椭圆形。	果卵形或宽卵形。
花果期	花期3～4月，果期7～9月。	花期3～4月，果期8～11月。
产地	产于河北、山西、陕西、山东、安徽西部、河南、湖北、四川，生海拔250～2200m山坡灌丛、林下或草丛中，或山谷、山沟疏林中。	产于江苏、安徽、浙江、江西、福建、湖北、湖南、云南西北部。除华南地区外，全国各地均有栽培，尤以长江流域一带栽培较为普遍。
区别	① 连翘枝节间中空；	金钟花枝具片状髓。
	② 连翘单叶或3裂至三出复叶，叶缘除基部外，具锐锯齿或粗锯齿；	金钟花的叶不裂，通常上半部具不规则锐锯齿或粗锯齿。
	③ 连翘花瓣4深裂达基部。	金钟花瓣4裂至中部。
园林应用	在我国长江流域园林中应用广泛，为著名的早春观花树种，适合公园、庭院等园路边、水岸边、花台等种植，也可用作花篱。	

连翘单叶或3裂至三出复叶，叶缘除基部外具锐锯齿或粗锯齿（吴棣飞摄）

金钟花的叶不裂，通常上半部具不规则锐锯齿或粗锯齿

连翘枝节间中空

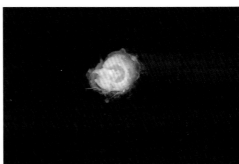

金钟花髓呈薄片状（蒋虹摄）

连翘花瓣4深裂达基部

金钟花花瓣4裂至中部（华国军摄）

连翘用于园林绿化

金钟花（华国军摄）

31. 迎春与野迎春

	迎春（迎春花，金腰带）	野迎春（云南黄素馨）
学名	*Jasminum nudiflorum*	*Jasminum mesnyi*
科属	木犀科素馨属	木犀科素馨属
形态	落叶灌木。	常绿直立亚灌木，高0.5～5m。
茎	直立或匍匐，枝条下垂。枝稍扭曲，小枝四棱形。	枝条下垂。小枝绿色，四棱形，具沟，光滑无毛。
叶	叶对生，三出复叶，小枝基部常具单叶；小叶片卵形、长卵形或椭圆形，狭椭圆形，稀倒卵形，先端锐尖或钝，具短尖头，基部楔形。	叶对生，三出复叶或小枝基部具单叶；叶柄具沟，叶片和小叶片近革质，叶缘反卷，小叶片长卵形或长卵状披针形，先端钝或圆，具小尖头，基部楔形，顶生小叶片基部延伸成短柄，侧生小叶片较小，无柄。
花	花单生于去年生小枝的叶腋，花萼绿色，花冠黄色，裂片5～6枚。	花常单生于叶腋，黄色，漏斗状，裂片6～8枚，栽培时出现重瓣。
果实	极少见果。	果椭圆形。
花果期	花期2～4月。	花期11月至翌年8月，果期3～5月。
产地	产于甘肃、陕西、四川、云南西北部，西藏东南部，生海拔800～2000m山坡灌丛中。	产于四川西南部，贵州、云南。我国各地均有栽培。
区别	① 迎春为落叶灌木，多栽培于北方；	野迎春为常绿植物，主要栽培于南方。
	② 迎春花期2～4月，先花后叶；	野迎春花期11月至翌年8月，花叶同在。
	③ 迎春的花冠裂片5～6枚。	野迎春花较大，裂片6～8枚，栽培时出现重瓣及半重瓣。
园林应用	两者花色金黄艳丽，枝条弯曲下垂，为著名的观花树种，适合公园、庭院等园路边、水岸边、花台等种植，也可用作花篱和棚架绿化。	

迎春为落叶灌木，春季萌发新叶

野迎春为常绿灌木

迎春先花后叶，

野迎春花期长，
花叶同在

迎春的花冠裂片5~6枚

野迎春花较大，
裂片6~8枚，栽
培时出现重瓣及
半重瓣

迎春的叶

野迎春的叶

	香椿（椿树）	臭椿（臭椿树）
学名	*Toona sinensis*	*Ailanthus altissima*
科属	楝科香椿属	苦木科臭椿属
形态	落叶乔木；树皮粗糙，深褐色，树皮浅纵裂，片状脱落。	落叶乔木，高可达20余米，树皮平滑而有直纹。
茎	枝条斜展。	嫩枝有髓，幼时被黄色或黄褐色柔毛，后脱落。
叶	偶数（稀奇数）羽状复叶，长30～50cm或更长，小叶16～20，对生或互生，纸质，卵状披针形或卵状长椭圆形，先端尾尖，基部一侧圆形，另一侧楔形，不对称，边全缘或有疏离的小锯齿。	常为奇数（稀偶数）羽状复叶，有小叶13～27；小叶对生或近对生，纸质，卵状披针形，先端长渐尖，基部偏斜，截形或稍圆，两侧各具1或2个粗锯齿，齿背有腺点1个，叶揉碎后具臭味。
花	小聚伞花序生于短的小枝上，多花；花萼5齿裂或浅波状，花瓣5，白色，长圆形，先端钝；雄蕊10，其中5枚能育，5枚退化，花丝与花瓣基本等长。	圆锥花序；花淡绿色，萼片5，覆瓦状排列，花瓣5，雄蕊10，雄花中的花丝长于花瓣，雌花中的花丝短于花瓣。
果实	蒴果狭椭圆形。	翅果长椭圆形。
花果期	花期6～8月，果期10～12月。	花期4～5月，果期8～10月。
产地	产华北、华东、中部、南部和西南部各省区，生于山地杂木林或疏林中，各地也广泛栽培。分布于朝鲜。	我国除黑龙江、吉林、新疆、青海、宁夏、甘肃和海南外，各地均有分布。世界各地广为栽培。
区别	① 香椿的树皮粗糙，树皮浅纵裂，片状脱落；	臭椿的树皮平滑，有直纹。
	② 香椿的小叶全缘或有浅齿，有浓香；	臭椿的小叶边缘靠近基部处有2～4个粗齿，且叶揉碎后具臭味。
	③ 香椿的花为白色，花丝与花瓣基本等长；	臭椿的花淡绿色，雄花中的花丝长于花瓣，雌花中的花丝短于花瓣。
	④ 香椿的果实为蒴果。	臭椿的果实为翅果。
园林应用	树干通直，树冠开展，枝叶浓密，园林中常用作庭荫树、行道树和四旁绿化树种。	

臭椿的小叶边缘靠近基部处有
2～4个粗齿，且叶揉碎后具臭味

香椿的树皮粗糙，树皮浅纵裂，
片状脱落

臭椿的树皮平滑，有直纹

香椿的小叶全缘或有浅齿，有浓香

香椿的花为白色，花丝与花瓣基本
等长（刘冰摄）

臭椿的花淡绿色，雄花中的花丝长于花瓣，雌花中的花
丝短于花瓣（刘冰摄）

香椿用于园林绿化

臭椿用于园林绿化

臭椿的果实为翅果

香椿的果实为蒴果
（刘冰摄）

	狭叶栀子（野白蝉、花木）	栀子（黄栀子、山栀子）
学名	*Gardenia stenophylla*	*Gardenia jasminoides*
科属	茜草科栀子属	茜草科栀子属
形态	灌木，高0.5～3m。	常绿灌木，高0.3～3m。
茎	小枝纤弱。	枝圆柱形，灰色。
叶	叶薄革质，狭披针形或线状披针形，长3～12cm，宽0.4～2.3cm，顶端渐尖而尖端常钝，基部渐狭，常下延，两面无毛。	单叶对生，革质，少为3枚轮生，倒卵状长圆形，长3～25cm，宽1.5～8cm，顶端渐尖或短尖而钝，基部楔形或短尖，全缘。
花	花单生于叶腋或小枝顶部，芳香，花冠白色，高脚碟状，冠管长3.5～6.5cm，宽3～4mm，顶部5至8裂，裂片盛开时外翻，长圆状倒卵形。	花芳香，常单朵生于枝顶，白色或乳黄色，高脚碟，顶部5至8裂，通常6裂。
果实	果长圆形，有纵棱或有时棱不明显，成熟时黄色或橙红色。	浆果卵形，黄色或橙红色。
花果期	花期4～8月，果期5月至翌年1月。	花期3～7月，果期5月至翌年2月。
产地	产于安徽、浙江、广东、广西、海南；生于海拔90～800m处的山谷、溪边林中、灌丛或旷野河边，常见于岩石上。越南也有。	原产我国长江流域，现长江流域及以南地区广泛栽培。亦分布于日本、朝鲜、越南等地。
区别	① 狭叶栀子的叶短而狭，长3～12cm，宽0.4～2.3cm；	栀子的叶长而宽，长3～25cm，宽1.5～8cm。
	② 狭叶栀子的花5～8裂。	栀子的花瓣通常6裂。
园林应用	花洁白，具芳香，为常见香花植物，园林中常丛植于路边、墙垣边、山石边、池畔等处观赏，也可盆栽用于室内观赏。	

狭叶栀子的叶短而狭

栀子的叶长而宽

狭叶栀子的花5~8裂

栀子的花通常6裂

狭叶栀子花特写

狭叶栀子用于绿化

栀子花特写

栀子局部

	瓜栗（水瓜栗、中美木棉）	马拉巴栗（瓜栗、发财树）
学名	*Pachira aquatica*	*Pachira glabra*
科属	木棉科瓜栗属	木棉科瓜栗属
形态	小乔木，高4～5m，树冠较松散。	常绿小乔木，高可达9～18m。
茎	树干光滑，幼枝栗褐色，无毛。	树干光滑，灰绿色，下部常膨大。
叶	小叶5～11，具短柄或近无柄，长圆形至倒卵状长圆形，渐尖，基部楔形，全缘，侧脉几平伸，至边缘附近连结为一圈波状集合脉。	小叶5～9，具短柄或近无柄，长圆形至倒卵状长圆形，渐尖，基部楔形，全缘，侧脉几平伸，至边缘附近连结为一圈波状集合脉。
花	花单生枝顶叶腋；花梗粗壮，花瓣淡黄绿色，狭披针形至线形，花丝下部黄色，向上变红色。	花单生枝顶叶腋；花梗粗壮，花瓣淡绿色，狭披针形，上半部反卷；花丝白色。
果实	蒴果，果皮厚，木质，黄褐色。	蒴果，果皮光滑，绿色。
花果期	花期5～11月，果先后成熟。	花期春季，果期夏秋。
产地	原产中美墨西哥至哥斯达黎加。	原产巴西，我国广泛栽培，华南及西南等地可露地栽培。

区别 近年来，在一些园林书籍上常将两者误用，将市场上常见的马拉巴栗（商品名发财树）误称为瓜栗，植物志上所记载的瓜栗（又名水瓜栗）并非市场上常见的马拉巴栗。两者主要区别如下：

① 瓜栗花丝上部红色，下部黄色；　马拉巴栗花丝白色。

② 瓜栗果实黄褐色；　马拉巴栗果实绿色。

③ 瓜栗小叶5～11。　马拉巴栗小叶5～9。

园林应用 瓜栗树形美观，花及果均有较高的观赏价值，目前应用较少，可用作行道树、园景树种；马拉巴栗为著名盆栽观叶植物，多用于厅堂摆放，也可用作绿化树种。

瓜栗花丝上部红色，下部黄色　　　　　　　　　　　马拉巴栗花丝白色

瓜栗果实黄褐色　　　　　　　　　　　　　　　　马拉巴栗果实绿色

瓜栗小叶5～11　　　　　　　　　　　　　　　　马拉巴栗小叶5～9

马拉巴栗用于园林绿化

瓜栗用于园林绿化

35. 水烛与香蒲

	水烛（蒲棒、水蜡烛）	香蒲（东方香蒲、蒲黄）
学名	*Typha angustifolia*	*Typha orientalis*
科属	香蒲科香蒲属	香蒲科香蒲属
形态	多年生水生或沼生草本。	多年生水生或沼生草本植物。
茎	地上茎直立，粗壮，高约1.5 ~ 2.5 (3) m。	地上茎粗壮，向上渐细，高1.3 ~ 2m。
叶	叶片长54 ~ 120cm，宽0.4 ~ 0.9cm，上部扁平，中部以下腹面微凹，背面向下逐渐隆起呈凸形，下部横切面呈半圆形，叶鞘抱茎。	叶长40 ~ 70cm，宽0.4 ~ 0.9cm，上部扁平，下部腹面微凹，背面逐渐隆起呈凸形，横切面呈半圆形，叶鞘抱茎。
花	雌雄花序相距2 ~ 10cm。	雌雄花序紧密连接。
果实	小坚果长椭圆形，具褐色斑点。	小坚果椭圆形至长椭圆形，果皮具长形褐色斑点。
花果期	花果期6 ~ 9月。	花果期5 ~ 8月。
产地	产东北、华北、华东、西南诸省，生于湖泊、河流、池塘浅水处，水深稀达1m或更深，沼泽、沟渠亦常见。尼泊尔、印度、巴基斯坦、日本、原苏联、欧洲、美洲及大洋洲等亦有分布。	产黑龙江、吉林、辽宁、内蒙古、河北、山西、河南、陕西、安徽、江苏、浙江、江西、广东、云南、台湾等省区。生于湖泊、池塘、沟渠、沼泽及河流缓流带。菲律宾、日本、原苏联及大洋洲等地均有分布。
区别	① 水烛远较香蒲高大；	香蒲比水烛低1m左右。
	② 花序雌花部分与雄花部分不相连，中间有2 ~ 10cm的间隔。	雌花部分与雄花部分是相连的。
园林应用	我国传统水生植物，常应用于水岸边群植观赏。	

水烛植株较高大

香蒲植株较低矮

水烛的花序雌花部分与雄花部
分不相连，中间有间隔

香蒲雌花部分与雄花部分相连

水烛的叶

香蒲的叶

水烛植株局部

香蒲植株局部

36. 羽裂蔓绿绒⊜龟背竹

	羽裂蔓绿绒 （春羽、羽裂喜林芋）	龟背竹 （电线兰、穿孔喜林芋）
学名	*Philodendron selloum*	*Monstera deliciosa*
科属	天南星科喜林芋属	天南星科龟背竹属
形态	多年生常绿草本植物。	常绿攀援灌木。
茎	茎稍木质，极短，有脱叶痕。	茎绿色，具气生根。
叶	叶大，宽椭圆形，羽状分裂，裂片边缘波状。	叶心状卵形，厚革质，表面发亮，淡绿色，边缘羽状深裂，各侧脉间有1～2个较大的横椭圆形空洞。
花	肉穗花序，佛焰苞乳白色。	肉穗花序近圆柱形，佛焰苞淡黄色。
果实	浆果。	浆果淡黄色，柱头周围有青紫色斑点。
花果期	花期3～5月。	花期8～9月，果于翌年花期之后成熟。
产地	原产巴西。	福建、广东、云南栽培于露地，北京、湖北等地多栽于温室。原产墨西哥。
区别	① 羽裂蔓绿绒叶羽状深裂，裂片边缘有缺刻、波状；	龟背竹叶边缘羽状深裂，裂片边缘全缘，平滑，各侧脉间有1～2个较大的横椭圆形空洞。
	② 羽裂蔓绿绒的佛焰苞乳白色，不太开展。	龟背竹的佛焰苞淡黄色，开展。
园林应用	叶片巨大，叶形奇特，耐阴，装饰性强，常用于室内的盆栽摆设和室外林下、山石边、园路边、墙垣边栽培观赏。	

羽裂蔓绿绒叶羽状深裂，裂片边缘有缺刻、波状

龟背竹叶边缘羽状深裂，侧脉间有1~2个较大的横椭圆形空洞

羽裂蔓绿绒的佛焰苞乳白色，不太开展

龟背竹的佛焰苞淡黄色，开展

羽裂蔓绿绒用于园林绿化

龟背竹用于园林绿化

37. 蒲葵与棕榈

	蒲葵（葵树）	棕榈（棕树）
学名	*Livistona chinensis*	*Trachycarpus fortunei*
科属	棕榈科蒲葵属	棕榈科棕榈属
形态	乔木状，高5～20m，基部常膨大。	乔木状，高3～10m，树干圆柱形，被不易脱落的老叶柄基部和密集的网状纤维。
茎	单干直立。	单干直立。
叶	叶阔肾状扇形，掌状深裂至中部，裂片线状披针形，2深裂成长达50cm的丝状下垂的小裂片；叶柄下部两侧有黄绿色（新鲜时）或淡褐色（干后）下弯的短刺。	叶片呈3/4圆形或者近圆形，深裂成30～50片具皱褶的线状剑形裂片，裂片先端具短2裂或2齿，硬挺甚至顶端下垂；叶柄两侧具细圆齿，顶端有明显的戟突。
花	花序呈圆锥状，粗壮，长约1m。	花序腋生，雌雄异株。
果实	果实椭圆形（如橄榄状），黑褐色。	果实阔肾形，有脐，成熟时由黄色变为淡蓝色，有白粉。
花果期	花果期4月。	花期4月，果期12月。
产地	产我国南部。中南半岛亦有分布。	分布于长江以南各省，通常仅见栽培于四旁，罕见野生于疏林中，海拔上限2000m左右。日本也有分布。
区别	① 蒲葵树干无纤维；	棕榈茎干上的纤维浓厚而密，不易脱落。
	② 蒲葵叶则较大，叶裂较浅，末端自然下垂；	棕榈叶较小，叶裂较深，末端不下垂。
	③ 蒲葵的花序呈圆锥状，约有6个分枝花序，直立，花序具2次或3次分枝。	棕榈花序粗壮，多次分枝，从叶腋抽出，下垂，密集，通常是雌雄异株。
园林应用	树干直立挺拔，叶形独特宽大如扇，四季常绿，常列植、孤植作为行道树、庭荫树和风景树来观赏。	

蒲葵树干无纤维

棕榈茎干上的纤维浓厚而密，不易脱落

蒲葵叶较大，叶裂较浅，末端自然下垂

蒲葵的花序呈圆锥状，约有6个分枝花序，直立，分枝花序具2次或3次分枝

棕榈叶较小，叶裂较深，末端不下垂

棕榈花序粗壮，多次分枝，从叶腋抽出，下垂，密集，通常是雌雄异株

棕榈用于园林绿化

蒲葵用于园林绿化

	假槟榔（亚历山大椰子）	槟榔（槟榔子）
学名	*Archontophoenix alexandrae*	*Areca catechu*
科属	棕榈科假槟榔属	棕榈科槟榔属
形态	乔木，高达10～25m。	乔木状，高10多米，最高可达30m。
茎	茎粗约15cm，圆柱状，基部略膨大。	茎上有明显的环状叶痕。
叶	叶羽状全裂，生于茎顶，长2～3m，羽片呈2列排列，线状披针形，叶面绿色，叶背面被灰白色鳞秕状物，中脉明显；叶鞘膨大而包茎，形成明显的冠茎，环状叶痕较密。	叶簇生于茎顶，羽片多数，两面无毛，狭长披针形，上部的羽片合生，顶端有不规则齿裂，环状叶痕较疏。
花	花序生于叶鞘下，呈圆锥花序式，下垂，多分枝，具2个鞘状佛焰苞，花雌雄同株，黄白色。	雌雄同株，花序多分枝，花序轴粗壮压扁，分枝曲折，着生1列或2列的雄花，而雌花单生于分枝的基部。
果实	果实卵球形，红色，长12～14mm。	果实长圆形或卵球形，橙黄色。
花果期	每年开花结果两次，花期4～6月及9～11月，果期10～11月及翌年4～5月。	花果期3～4月。
产地	原产澳大利亚东部。我国福建、台湾、广东、海南、广西、云南等热带、亚热带地区有栽培。	产云南、海南及台湾等热带地区。亚洲热带地区广泛栽培。
区别	① 假槟榔环状叶痕较密； ② 假槟榔的果实较小； ③ 假槟榔的叶背面被灰白色鳞秕状物，羽片线状披针形。	槟榔的环状叶痕较疏。 槟榔的果实较大。 槟榔叶背光滑，羽片狭长披针形。
园林应用	树形高大壮观，叶大荫浓，树干细高飘逸，园林中常用作行道树和园景树。	

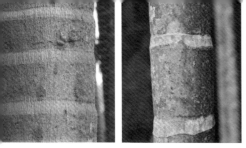

假槟榔环状叶痕较密　　　　　槟榔的环状叶痕较疏

假槟榔的叶背面被灰白色鳞秕状物，羽片线状披针形

假槟榔的果实较小

槟榔的果实较大

槟榔叶背光滑，狭长披针形

槟榔用于路边绿化

假槟榔用于园林绿化

39. 鱼尾葵与短穗鱼尾葵

	鱼尾葵（青棕、钝叶董棕）	短穗鱼尾葵（酒椰子）
学名	*Caryota maxima*	*Caryota mitis*
科属	棕榈科鱼尾葵属	棕榈科鱼尾葵属
形态	乔木状，高10～15m。	丛生小乔木状，高5～8m。
茎	茎绿色，被白色的毡状茸毛，具环状叶痕。	茎绿色，表面被微白色的毡状茸毛。
叶	叶长3～4m，幼叶近革质，老叶厚革质；羽片长15～60cm，宽3～10cm，互生，罕见顶部的近对生，最上部的1羽片大，楔形，先端2～3裂，侧边的羽片小，菱形，外缘笔直，内缘上半部或1/4以上弧曲成不规则的齿缺，且延伸成短尖或尾尖。	叶长3～4m，下部羽片小于上部羽片；羽片呈楔形或斜楔形，外缘笔直，内缘1/2以上弧曲成不规则的齿缺，且延伸成尾尖或短尖。
花	佛焰苞与花序无糠秕状的鳞秕；穗状花序，长3～3.5(5)m，黄色。	佛焰苞与花序被糠秕状鳞秕，穗状花序短，长25～40cm。
果实	果实球形，红色。	果球形，紫红色。
花果期	花期5～7月，果期8～11月。	花期4～6月，果期8～11月。
产地	产福建、广东、海南、广西、云南等省区。亚热带地区有分布。	产海南、广西等省区，生于山谷林中或植于庭园。越南、缅甸、印度、马来西亚、菲律宾、印度尼西亚（爪哇）亦有分布。
区别	① 鱼尾葵为乔木；	短穗鱼尾葵为丛生小乔木状（多干）。
	② 鱼尾葵花序长达3m以上；	短穗鱼尾葵花序短，长40cm以下。
	③ 鱼尾葵侧边的羽片小，菱形，外缘笔直，内缘上半部或1/4以上弧曲成不规则的齿缺。	短穗鱼尾葵羽片呈楔形或斜楔形，外缘笔直，内缘1/2以上弧曲成不规则的齿缺。
园林应用	树干挺直，四季常绿，叶形似鱼尾巴，是园林中常见的棕榈科植物，常做行道树或园景树。	

短穗鱼尾葵为丛生小乔木状

鱼尾葵为乔木

鱼尾葵花序长达3m以上

短穗鱼尾葵花序短，长40cm以下

短穗鱼尾葵羽片呈楔形或斜楔形，外缘笔直，内缘二分之一以上弧曲成不规则的齿缺

短穗鱼尾葵的果

短穗鱼尾葵的花

鱼尾葵侧边的羽片小，菱形，外缘笔直，内缘上半部或四分之一以上弧曲成不规则的齿缺

鱼尾葵花序

40. 假臭草与藿香蓟

	假臭草（猫腥草）	藿香蓟（胜红蓟）
学名	*Praxelis clematidea*	*Ageratum conyzoides*
科属	菊科假臭草属	菊科藿香蓟属
形态	一年生或多年生草本。全株被长柔毛，高0.3 ~ 1.0m。	一年生草本，高50 ~ 100cm。
茎	茎直立，多分枝。	茎枝淡红色，或上部绿色，被柔毛。
叶	叶对生，长2.5 ~ 6.0cm，宽1 ~ 4cm，卵圆形至菱形，具腺点，先端急尖，基部圆楔形，具三脉，边缘明显齿状，每边5 ~ 8齿，急尖；揉搓叶片可闻到类似猫尿的刺激性味道。	叶对生，上部时有互生，卵形或椭圆形，基部钝或宽楔形，基出三脉或不明显五出脉，顶端急尖，边缘圆锯齿，两面被白色稀疏短柔毛且有黄色腺点。
花	头状花序生于茎、枝端，花蓝色。	头状花序，淡紫色或白色。
果实	瘦果，黑色。	瘦果黑褐色，5棱。
花果期	花期5 ~ 11月。	花果期全年。
产地	原产南美，现入侵亚洲和大洋洲等地。	原产中南美洲。在我国南部已归化。
区别	在华南、西南、华东等地，藿香蓟与假臭草两种植物已归化，人们常将两者混淆，统称为藿香蓟，有时把庭园种植的熊耳草（紫花藿香蓟）也误认为是藿香蓟，熊耳草花较大，与藿香蓟较易区别，藿香蓟与假臭草区别如下：	
	① 假臭草的花蓝色；	藿香蓟的花淡紫色或白色。
	② 假臭草的叶卵圆形至菱形，边缘明显齿状。	藿香蓟的叶卵形或椭圆形，边缘具圆锯齿。
园林应用	两种皆为外来种，习性强健，在我国南部部分地区已归化，在园林上没有应用价值。	

藿香蓟的白色花

藿香蓟的淡紫色花

假臭草的蓝色花

假臭草的叶卵圆形至菱形，边缘明显齿状

藿香蓟的叶卵形或椭圆形，边缘具圆锯齿

藿香蓟生境

假臭草生境

	十字架树（叉叶木、十字架）	葫芦树（瓠瓜木、炮弹树）
学名	*Crescentia alata*	*Crescentia cujete*
科属	紫葳科葫芦树属	紫葳科葫芦树属
形态	小乔木或灌木，高3～6m。	乔木，高5～18m。
茎	茎粗约15～25cm。	枝条开展，分枝少。
叶	叶簇生于小枝上；小叶3枚，长倒披针形至倒匙形，叶柄具阔翅。	叶丛生，2～5枚，大小不等，阔倒披针形，顶端微尖，基部狭楔形，中脉被棉毛。
花	花1～2朵生于小枝或老茎上；褐色，具有紫褐色脉纹，近钟状，具褶皱，喉部常膨胀成胆囊状。	花单生于小枝上，下垂。花萼2深裂，裂片圆形。花冠钟状，微弯，一侧膨胀，一侧收缩，淡绿黄色，具有褐色脉纹。花冠夜间开放，发出一种恶臭气味。
果实	果近球形，光滑，淡绿色。	浆果圆球形，黄色至黑色，果壳坚硬，可作盛水的葫芦瓢。
花果期	温度适宜，花果期全年。	温度适宜，花果期全年。
产地	原产墨西哥至哥斯达黎加。菲律宾、印度尼西亚、大洋洲广泛栽培。我国广东、福建、云南有栽培。	原产热带美洲。我国南方部分地区有栽培。
区别	① 十字架树的叶具指状3小叶；	葫芦树的叶为单叶，匙状倒披针形。
	② 十字架树的花为褐色。	葫芦树的花黄绿色。
园林应用	两者树型奇特，花果均有较高的观赏价值，且均为老干生花树种，可用于科普教育，园林中常孤植于一隅欣赏。	

十字架树的叶具指状3小叶

葫芦树的叶为单叶，匙状倒披针形

十字架树的花为褐色

葫芦树的花为黄绿色

十字架树的果实

葫芦树的果实

十字架树用于园林绿化

葫芦树用于园林绿化

42. 冷杉属与云杉属

	冷杉属	云杉属
学名	*Abies*	*Picea*
科属	松科	松科
形态	常绿乔木，树干端直。	常绿乔木。
茎	枝条轮生，小枝对生，稀轮生，基部有宿存的芽鳞，叶脱落后枝上留有圆形或近圆形的吸盘状叶痕，叶枕不明显。	枝条轮生；小枝上有显著的叶枕，叶枕下延彼此间有凹槽，顶端凸起成木钉状。
叶	叶螺旋状着生，条形，扁平，无气孔线或有气孔线。	叶螺旋状着生，四棱状条形或条形，四面的气孔线条数相等或近于相等。
花	雌雄同株，球花单生于叶腋。	球花单性，雌雄同株。
果实	球果直立，卵状圆柱形至短圆柱形。	球果下垂，卵状圆柱形或圆柱形。
花果期	花期大多为春季，果期秋季。	花期大多春季，果期秋季。
产地	本属约50种，分布于亚洲、欧洲、北美、中美及非洲北部的高山地带。我国有19种3变种。分布于东北、华北、西北、西南及浙江、台湾各省区的高山地带。	本属约40种，分布于北半球。我国有16种9变种，另引种栽培2种。产于东北、华北、西北、西南及台湾等省区的高山地带，在园林中常见应用。
区别	① 冷杉属叶扁平；	云杉属叶四棱状条形或条形，四面有白色气孔线。
	② 冷杉属球果直立；	云杉属球果下垂。
	③ 冷杉属叶枕不明显。	云杉属叶枕显著隆起。
园林应用	树形高大整齐，四季常青，耐寒，是华北、东北等寒冷地区常见园林树种，可做行道树和风景树，园林中常用于园路边、草地中或社区中绿化。	

巴山冷杉叶扁平

红皮云杉叶四棱状条形

丽江云杉叶棱状条形或扁四棱形

鳞皮云杉的叶四棱状条形

日本冷杉的叶扁平

巴山冷杉球果直立

红皮云杉球果下垂

油麦吊云杉球果下垂 　　巴山冷杉原生境 　　　红皮云杉用于路边绿化

	杧果（芒果、蜜望子）	海杧果（海芒果）
学名	*Mangifera indica*	*Cerbera manghas*
科属	漆树科杧果属	夹竹桃科海杧果属
形态	常绿大乔木，高10～20m；树皮灰褐色。	乔木，高4～8m，树皮灰褐色。
茎	小枝褐色。	枝条粗厚，绿色，具不明显皮孔，全株具丰富乳汁。
叶	叶薄革质，常集生枝顶，叶形和大小变化较大，通常为长圆形或长圆状披针形，长12～30cm，宽3.5～6.5cm，先端渐尖、长渐尖或急尖，基部楔形或近圆形，边缘皱波状，无毛，叶面略具光泽。	叶厚纸质，倒卵状长圆形或倒卵状披针形，顶端钝或短渐尖，基部楔形。
花	圆锥花序黄色或淡黄色。	聚伞花序顶生，花白色，中央粉红色，芳香，花冠漏斗状。
果实	核果肾形，压扁，黄色。	核果双生或单个，阔卵形或球形，顶端钝或急尖，成熟时橙黄色。
花果期	春季开花，5～8月果成熟。	花期3～10月，果期7月至翌年4月。
产地	产云南、广西、广东、福建、台湾，生于海拔200～1350m的山坡、河谷或旷野的林中。分布于印度、孟加拉国、中南半岛和马来西亚。	产于广东南部、广西南部和台湾，以广东海南分布为多，生于海边或近海边湿润的地方。亚洲和澳大利亚热带地区也有分布。
区别	① 杧果没有乳汁。 ② 杧果的叶长圆形或长圆状披针形，先端渐尖，边缘皱波状； ③ 杧果圆锥花序黄色或淡黄色。	海杧果全株有乳汁。 海杧果的叶倒卵状长圆形或倒卵状披针形，顶端钝或短渐尖。 海杧果聚伞花序白色。

另外杧果核果肾形，压扁；而海杧果核果双生或单个，球形。因海杧果果皮含海杧果碱等生物碱，毒性强烈，人、畜误食能致死。因此，在无法鉴别是哪个种时，不建议解剖果实，以防中毒。树皮、叶、乳汁误服也能致死，因此接触时需慎重。

园林应用	杧果株高适中，枝叶繁茂，树形美观，在南方常用作绿化树种，可列植、孤植观赏；海杧果花洁白，观赏性较高，株形美观，海边常用作防潮树种，园林中也可用于草坪中孤植或用于路边绿化。

杜果没有乳汁

海杜果全株有乳汁

海杜果的叶倒卵状长圆形或倒卵状披
针形，顶端钝或短渐尖

杜果的叶长圆形或长圆状披针
形，先端渐尖，边缘皱波状

杜果圆锥花序黄色或淡黄色

海杜果聚伞花序白色

杜果的果实

海杜果的果实

海杜果用于草坪孤植

杜果花特写

海杜果花特写

杜果用于园林绿化

44. 忍冬⑤钩吻

	忍冬（金银花）	钩吻（断肠草、大茶药、胡蔓藤）
学名	*Lonicera japonica*	*Gelsemium elegans*
科属	忍冬科忍冬属	马钱科钩吻属
形态	半常绿藤本。	常绿木质藤本。
茎	枝细长中空，皮棕褐色。全株有毛。	小枝圆柱形，基本全株无毛。
叶	叶纸质，卵形至矩圆状卵形，长3～5 (9.5) cm，有糙缘毛。	叶片膜质，卵形、卵状长圆形或卵状披针形，长5～12cm，顶端渐尖，基部阔楔形至近圆形。
花	花冠白色，后变黄色，唇形，上唇裂片顶端钝形，下唇带状而反曲；雄蕊和花柱均高出花冠。	聚伞花序顶生和腋生，花冠黄色，漏斗状，内面有淡红色斑点，裂片5，雄蕊不外伸。
果实	浆果球形。	蒴果卵形，成熟后分裂为2果瓣。
花果期	花期4～6月，果期10～11月。	花期5～11月，果期7月至翌年3月。
产地	除华北和海南外，全国各省均有分布。日本和朝鲜也有分布。	产于华南和西南各省区。分布于印度、缅甸、泰国、老挝、越南、马来西亚和印度尼西亚等。

区别　两者本来较易区别，但在华南等地多次发生将钩吻的花误认成忍冬煲汤中毒致死事故，均出现在对植物缺少基本认知的人群中，因此有必要对两种植物再认知。

	① 忍冬的枝、叶常被毛；	钩吻无毛。
	② 忍冬的花冠白色，后变黄色，唇形，雄蕊和花柱均外伸；	钩吻的花冠黄色，漏斗状，雄蕊不外伸。
	③ 忍冬果实为浆果，球形。	钩吻的果实为蒴果。

园林应用　忍冬性强健，耐热、耐寒，对环境适合性强，全国各地几乎均有栽培，为垂直绿化常用的材料，钩吻野生于山林中，因有剧毒，园林中没有引用。

忍冬的枝、叶常被毛

钩吻的叶无毛

忍冬的花冠白色，后变黄色

钩吻的花冠黄色，漏斗状

忍冬果实为浆果，球形

钩吻的果实为蒴果

忍冬用于园林绿化

45. 菜豆树 ⑤ 海南菜豆树

	菜豆树（豆角树、牛尾树）	海南菜豆树（大叶牛尾林）
学名	*Radermachera sinica*	*Radermachera hainanensis*
科属	紫葳科菜豆树属	紫葳科菜豆树属
形态	小乔木，高达10m。	乔木，高6～13m。
茎	枝条灰色，有皱纹。	枝条灰色，有皱纹。
叶	2回羽状复叶，稀为3回羽状复叶，小叶卵形至卵状披针形，顶端尾状渐尖，基部阔楔形全缘，向上斜伸。	叶为1至2回羽状复叶，有时仅有小叶5片；小叶纸质，长圆状卵形或卵形，顶端渐尖，基部阔楔形。
花	顶生圆锥花序，花冠钟状漏斗形，白色至淡黄色，长约6～8cm。	花序腋生或侧生，少花，为总状花序或少分枝的圆锥花序，比叶短。花萼淡红色，花冠淡黄色，钟状。
果实	蒴果细长下垂，圆柱形，稍弯曲，长达85cm，粗约1cm。	蒴果长达40cm，粗约5mm。
花果期	花期5～9月，果期10～12月。	花期4～9月。果期秋季。
产地	产台湾、广东、广西、贵州、云南各省。生于海拔340～750m山谷或平地疏林中。亦见于不丹。	产广东、海南、云南。生于低山坡林中，少见，海拔300～550m。
区别	① 菜豆树2回羽状复叶，而海南菜豆树1～2回羽状复叶；	海南菜豆树的小叶较菜豆树的大。
	② 菜豆树的花冠较大，白色至淡黄色，长6～8cm；	海南菜豆树的花冠较小，淡黄色，长3.5～5cm。
	③ 菜豆树的蒴果大，长达85cm，粗约1cm。	海南菜豆树的朔果长40cm，粗约5mm。
园林应用	为著名观赏植物，多盆栽用于室内绿化，因其树形美观，也常用于园林绿化，适合庭园用作园景树或行道树。	

菜豆树的2回羽状复叶

菜豆树的花冠较大，白色至淡黄色

海南菜豆树1~2回羽状复叶

海南菜豆树的花冠较小，淡黄色

菜豆树的蒴果长可达85cm

海南菜豆树的蒴果长约40cm

菜豆树用于园林绿化

海南菜豆树的园林应用

海南菜豆树用于室内装饰

	鸡树条（天目琼花）	琼花（聚八仙、扬州琼花）
学名	*Viburnum opulus* subsp. *calvescens*	*Viburnum macrocephalum* 'Keteleeri'
科属	忍冬科荚蒾属	忍冬科荚蒾属
形态	落叶灌木，高达1.5～4m，树皮质厚而多少呈木栓质。	落叶或半常绿灌木，高达4m。
茎	小枝、叶柄和总花梗均无毛。	树皮灰褐色或灰白色；芽、幼枝、叶柄及花序均密被灰白色或黄白色簇状短毛，后渐变无毛。
叶	叶轮廓圆卵形至广卵形或倒卵形，通常3裂，具掌状3出脉，基部圆形、截形或浅心形，边缘具不整齐粗牙齿；位于小枝上部的叶常较狭长，椭圆形至矩圆状披针形而不分裂，边缘疏生波状牙齿，或浅3裂而裂片全缘或近全缘。叶下面仅脉腋集聚簇状毛或有时脉上亦有少数长伏毛。	叶纸质，卵形至椭圆形或卵状矩圆形，长5～11cm，顶端钝或稍尖，基部圆或有时微心形，边缘有小齿，上面初时密被簇状短毛，后仅中脉有毛，下面被簇状短毛。
花	复伞形聚伞花序，直径5～10cm，大多周围有大型的不孕花，总花梗粗壮，长2～5cm，无毛，第一级辐射枝6～8条，通常7条，花生于第二至第三级辐射枝上，花梗极短；花冠白色，辐状，裂片近圆形；不孕花白色，裂片宽倒卵形，顶圆形，不等形。	聚伞花序仅周围具大型的不孕花，花冠直径3～4.2cm，裂片倒卵形或近圆形，顶端常凹缺；可孕花的萼齿卵形，花冠白色，辐状。
果实	果实红色，近圆形。	果实红色而后变黑色，椭圆形。
花果期	花期5～6月，果熟期9～10月。	花期4月，果熟期9～10月。
产地	产黑龙江、吉林、辽宁、河北、山西、陕西、甘肃、河南、山东、安徽和西部、浙江西、江西、湖北和四川。生于海拔1000～1650m溪谷边疏林下或灌丛中。日本、朝鲜和苏联西伯利亚东南部也有分布。	产江苏南部、安徽西部、浙江、江西西北部、湖北西部及湖南南部。生于丘陵、山坡林下或灌丛中。
区别	① 鸡树条的叶轮廓圆卵形至广卵形或倒卵形，通常3裂，基部圆形、截形或浅心形，边缘具不整齐粗牙齿； ② 鸡树条的不孕花则多达10朵以上； ③ 鸡树条的果实红色。	琼花的叶纸质，卵形至椭圆形或卵状矩圆形，边缘有小齿。 琼花的不孕花一般为8朵。 琼花的果实红色而后变黑色。
园林应用	琼花及鸡树条为重要的春季观花灌木，开花繁茂，花型奇特，果实红艳，均有较高的观赏价值，适合公园、绿化、社区及社区园等地绿化。	

鸡树条的叶轮廓圆卵形至广卵形或倒卵形，通常3裂，基部圆形、截形或浅心形，边缘具不整齐粗牙齿

琼花的叶纸质，卵形至椭圆形或卵状矩圆形，边缘有小齿

鸡树条的不孕花多达10朵以上

琼花的不孕花一般为8朵

鸡树条的果实红色

琼花的果实红色而后变黑色（刘冰摄）

琼花树冠局部

鸡树条树冠局部

鸡树条生境

琼花用于园林绿化

	万寿菊（臭芙蓉）	孔雀草（小万寿菊，红黄草，西番菊，臭菊花，缎子花）
学名	*Tagetes erecta*	*Tagetes patula*
科属	菊科万寿菊属	菊科万寿菊属
形态	一年生草本，高50～150cm。	一年生草本，高30～100cm。
茎	茎直立，粗壮，具纵细条棱，分枝向上平展。	茎直立，通常近基部分枝，分枝斜开展。
叶	叶羽状分裂，裂片长椭圆形或披针形，边缘具锐锯齿，上部叶裂片的齿端有长细芒。	叶羽状分裂，裂片线状披针形，边缘有锯齿，齿端常有长细芒。
花	头状花序单生，花序梗顶端棍棒状膨大；舌状花黄色或暗橙色；舌片倒卵形，基部收缩成长爪，顶端微弯缺；管状花花冠黄色，顶端具5齿裂。	头状花序单生，顶端稍增粗；舌状花金黄色或橙色，带有红色斑；舌片近圆形，顶端微凹；管状花花冠黄色，具5齿裂。
果实	瘦果线形，黑色或褐色。	瘦果线形，黑色。
花果期	花期7～9月。	花期7～9月。
产地	原产墨西哥。我国各地均有栽培。在广东和云南南部、东南部已归化。	原产墨西哥。我国各地庭园常有栽培。在云南中部及西北部、四川中部和西南部及贵州西部均已归化。
区别	① 万寿菊叶羽状分裂，裂片长椭圆形或披针形，边缘具锐锯齿，上部叶裂片的齿端有长细芒； ② 万寿菊的头状花序较大，呈球形，舌状花黄色或暗橙色。	孔雀草叶羽状分裂，裂片线状披针形，边缘有锯齿，齿端常有长细芒。 孔雀草头状花序较小，呈半球形，舌状花金黄色或橙色，有的具红色斑。
园林应用	株型紧凑，花朵数量多，花色金黄或橙黄色，花期较长，是我国南北方各地区春夏秋季花坛、花境、草地、路旁常用草花。万寿菊花中含有丰富的叶黄素，现广泛用于叶黄素的工业生产中，开发潜力很大。	

万寿菊叶羽状分裂，裂片长椭圆形或披针形，边缘具锐锯齿，上部叶裂片的齿端有长细芒

孔雀草叶羽状分裂，裂片线状披针形，边缘有锯齿，齿端常有长细芒

孔雀草头状花序较小，呈半球形，舌状花金黄色或橙色，有的具红色斑

万寿菊的头状花序较大，呈球形，舌状花黄色或暗橙色

孔雀草用于园林绿化

万寿菊用于园林绿化

万寿菊用于盆栽装饰

	火鹤（安祖花、火鹤芋）	花烛（红掌、安祖花）
学名	*Anthurium scherzerianum*	*Anthurium andraeanum*
科属	天南星科花烛属	天南星科花烛属
形态	多年生常绿草本植物。	多年生常绿草本植物。
茎	茎矮直立。	茎矮直立。
叶	叶革质，长圆形，先端尖。	叶柄较长，叶长椭圆状心形，革质，鲜绿色。
花	肉穗花序，橙红色，螺旋状卷曲，佛焰苞红色，卵形。	肉穗花序圆柱形，佛焰苞心形，表面波皱，有蜡质光泽，红、桃红、朱红、白、绿等色。
果实	浆果。	浆果肉质，卵圆形。
花果期	花期2～7月。	花期全年。
产地	原产美洲热带，现各热带地区引种栽培。	产热带美洲，现各热带地区引种栽培。
区别	① 火鹤肉穗花序螺旋状卷曲；	花烛肉穗花序圆柱形直立。
	② 火鹤的佛焰苞卵形，常扭曲。	花烛的佛焰苞心形，不扭曲。
园林应用	佛焰苞色彩艳丽，形态雅致，为著名的盆栽花卉，目前已成为大众消费品，多用于客厅、卧室、书房、餐厅等摆放观赏，也常用于花坛及花境或插花。	

火鹤肉穗花序螺旋状卷曲

花烛肉穗花序圆柱形直立

火鹤的佛焰苞卵形，常扭曲

花烛的佛焰苞心形，不扭曲

花烛用于园林绿化

盆栽花烛

盆栽火鹤

	大花金钱豹（土党参）	羊乳（党参）
学名	*Campanumoea javanica*	*Codonopsis lanceolata*
科属	桔梗科金钱豹属	桔梗科党参属
形态	草质缠绕藤本，具乳汁。	草质缠绕藤本。
茎	茎无毛，多分枝。	茎缠绕，有短细分枝。
叶	叶常对生，心形或心状卵形，边缘有浅锯齿。	叶在茎上互生，在小枝上常簇生，菱状卵形、狭卵形或椭圆形，顶端尖或钝，基部渐狭，通常全缘或有疏波状锯齿。
花	花单生叶腋，花冠钟状，长2～3cm，白色或黄绿色，内面紫色，裂至中部。	花单生或对生于小枝顶端，花冠阔钟状，浅裂，裂片三角状反卷，黄绿色或乳白色内有紫色斑。
果实	浆果。	蒴果。
花果期	花期(5)8～9(11)月。	花果期9～10月。
产地	产云南、贵州、广西和广东，生于海拔2400m以下的灌丛及疏林中。印度、不丹至印度尼西亚也有。	产东北、华北、华东和中南各省区，生于山地灌木林下沟边阴湿地区或阔叶林内。俄罗斯远东地区、朝鲜、日本也有分布。
区别	① 大花金钱豹叶常对生，心形或心状卵形； ② 大花金钱豹的花冠裂片内面近白色，花较小。	羊乳叶在茎上互生，在小枝上常簇生，菱状卵形、狭卵形或椭圆形。 羊乳的花冠裂片内部近褐色，花较大。
园林应用	两者花形独特，花色雅致，在我国园林中较少种植，可用于栅栏、小型棚架垂直绿化。	

羊乳叶在茎上互生，在小枝上常簇生，菱状卵形、狭卵形或椭圆形

大花金钱豹叶常对生，心形或心状卵形

大花金钱豹的花冠裂片内面近白色

羊乳的花冠裂片内部近褐色

大花金钱豹花侧面

大花金钱豹用于小型棚架绿化

羊乳用于小型棚架绿化

羊乳花侧面

50. 棒叶虎尾兰 与 石笔虎尾兰

	棒叶虎尾兰（棒叶虎尾兰、柱叶虎尾兰、羊角）	石笔虎尾兰（石笔）
学名	*Sansevieria cylindrica*	*Sansevieria stuckyi*
科属	龙舌兰科虎尾兰属	龙舌兰科虎尾兰属
形态	多年生肉质草本。	多年生肉质草本。
茎	茎短，具粗大根茎。	茎短，具粗大根茎。
叶	叶从根部丛生，长约1m，圆筒形或稍扁，顶端急尖而硬，暗绿色有灰绿色条纹。	叶从根部丛生，长约1m，圆筒形或稍扁，顶端急尖而硬，绿色。
花	总状花序，较小，紫褐色。	总状花序，小花，白色。
果实	浆果。	浆果。
花果期	花期冬季。	花期冬季。
产地	原产非洲热带。	原产津巴布韦。
区别	① 棒叶虎尾兰叶暗绿色有灰绿色条纹；	石笔虎尾兰的叶绿色。
	② 棒叶虎尾兰的花紫褐色。	石笔虎尾兰的花白色。
园林应用	叶形独特，近年来用于家庭盆栽观赏，也有用于公园、绿地的路缘栽植。	

棒叶虎尾兰叶暗绿色有灰绿色条纹　　　　石笔虎尾兰的叶绿色　　　　　　　　石笔虎尾兰的花白色

棒叶虎尾兰的花紫褐色　　　　　　　　　　石笔虎尾兰用于沙生植物区绿化

棒叶虎尾兰用于沙生植物区绿化　　　　　　棒叶虎尾兰用于沙生植物区绿化

51. 大粒咖啡、中粒咖啡与小粒咖啡

	大粒咖啡（大果咖啡、利比亚咖啡）	中粒咖啡（中果咖啡）	小粒咖啡（小果咖啡）
学名	*Coffea liberica*	*Coffea canephora*	*Coffea arabica*
科属	茜草科咖啡属	茜草科咖啡属	茜草科咖啡属
形态	小乔木或大灌木，高6～15m。	小乔木或灌木，高4～8m。	小乔木或大灌木，高5～8m。
茎	枝开展，幼时呈压扁状。	侧枝长下垂。	老枝灰白色，节膨大。
叶	叶薄革质，椭圆形、倒卵状椭圆形或披针形，长15～30cm，叶背面脉腋有小窝孔，窝孔内具短丛毛。	叶厚纸质，椭圆形、卵状长圆形或披针形，长15～30cm，叶背面脉腋内无小窝孔或具无丛毛的窝孔。	叶薄革质，卵状披针形或披针形，长6～14cm，叶背面脉腋内有或无小窝孔。
花	聚伞花序。	聚伞花序，白色。	聚伞花序，花芳香，白色。
果实	浆果阔椭圆形，长19～21mm，红色；种子长圆形，长15mm。	浆果近球形，长和直径近相等，约10～12mm；种子背面隆起，腹面平坦，长9～11mm。	浆果阔椭圆形，红色，长12～16mm；种子背面凸起，腹面平坦，有纵槽，长8～10mm。
花果期	花期1～5月。	花期4～6月。	花期3～4月。
产地	广东、海南和云南均有栽培。原产非洲。	广东、海南、云南等地有引种。原产非洲。	福建、台湾、广东、海南、广西、四川、贵州和云南均有栽培。原产埃塞俄比亚或阿拉伯半岛。
区别	① 叶较长，长约15～30cm，叶片下面脉腋内具小窝孔，窝孔内常具短丛毛；② 大粒咖啡果阔椭圆形，长19～21mm。	叶较长，长约15～30cm，叶片下面脉腋内无小窝孔或小窝孔无毛。中粒咖啡果卵状球形，长10～12mm。	叶长不超过14cm。小粒咖啡果阔椭圆形，长12～16mm。
园林应用	咖啡为世界四大饮料之一，在我国华南南部、西南南部有少量种植，也常用于公园、植物园栽培，用于科普教育。		

大粒咖啡叶较长，长约15～30cm

中粒咖啡的叶较长，长约15～30cm

小粒咖啡的叶长不超过14cm

大粒咖啡果阔椭圆形，长19～21mm

中粒咖啡果卵状球形，长10～12mm

小粒咖啡果阔椭圆形，长12～16mm

大粒咖啡的花

中粒咖啡的花

小粒咖啡的花

大粒咖啡

大粒咖啡盛果期

小粒咖啡

	白鹃梅（金瓜果）	红柄白鹃梅（纪氏白鹃梅）
学名	*Exochorda racemosa*	*Exochorda giraldii*
科属	蔷薇科白鹃梅属	蔷薇科白鹃梅属
形态	灌木，高3～5m。	落叶灌木，高3～5m。
茎	枝条细弱开展，小枝圆柱形。	小枝细弱开展，圆柱形。
叶	叶椭圆形，长椭圆形至长圆倒卵形，先端圆钝或急尖，稀有突尖，基部楔形，全缘，稀中部以上有钝锯齿，无毛；叶柄短，长5～15mm，或近于无柄。	叶椭圆形、长椭圆形，稀长倒卵形，先端急尖、突尖或圆钝，基部楔形至圆形，稀偏斜，全缘，叶柄长1.5～2.5cm，常红色。
花	总状花序，花梗长3～8mm，花瓣基部有短爪，白色。	总状花序，花梗短或近于无梗，花瓣基部有长爪，白色。
果实	蒴果。	蒴果。
花果期	花期5月，果期6～8月。	花期5月，果期7～8月。
产地	产河南、江西、江苏、浙江，生于海拔250～500m山坡阴地。	产河北、河南、山西、陕西、甘肃、安徽、江苏、浙江、湖北、四川。生于海拔1000～2000m山坡、灌木林中。
区别	① 白鹃梅叶柄长5～15mm，或无柄； ② 白鹃梅花梗长3～8mm，花瓣基部急缩成短爪。	红柄白鹃梅叶柄长15～25mm，红色。 红柄白鹃梅花梗短或近于无梗，花瓣基部渐狭成长爪。
园林应用	树姿优美，叶片光亮，花洁白如雪，常栽植于草坪、林缘、路边、假山、庭院角隅作为点缀树种。	

红柄白鹃梅叶柄长15～25mm，红色

红柄白鹃梅的花梗短或近于无梗

白鹃梅叶柄长5～15mm，或无柄

白鹃梅的花

白鹃梅花梗长3～8mm

红柄白鹃梅的花

白鹃梅用于园林绿化

红柄白鹃梅原生境

53. 山楂ᴐ山里红

	山楂（北山楂）	山里红（大山楂）
学名	*Crataegus pinnatifida*	*Crataegus pinnatifida* var. *major*
科属	蔷薇科山楂属	蔷薇科山楂属
形态	落叶乔木，高达6m，树皮粗糙，灰褐色。有刺或无刺。	落叶小乔木，高6～8m，通常具刺。
茎	小枝圆柱形，紫褐色，老枝灰褐色。	小枝圆柱形。
叶	叶宽卵形或三角状卵形，稀菱状卵形，长5～10cm，先端短渐尖，基部截形至宽楔形，两侧常各有3～5羽状深裂片，边缘有尖锐稀疏不规则重锯齿。	叶较大，互生，阔卵形或三角卵形，边缘羽状5～9裂，有锯齿。
花	伞房花序，花直径约1.5cm，白色。	伞状花序，白色或淡红色。
果实	果实近球形，直径1～1.5cm，深红色，有浅色斑点。	梨果近球形，直径达2.5cm，深红色，并有淡褐色斑点。
花果期	花期5～6月，果期9～10月。	花期5月，果期8～10月。
产地	产东北、西北及江苏地区。朝鲜和俄罗斯西伯利亚也有分布。	产于河北，全国各地都有栽培。
区别	① 山楂叶片宽卵形或三角状卵形，稀菱状卵形，通常两侧各有3～5羽状深裂片，裂片卵状披针形或带形；	山里红叶较大，阔卵形或三角卵形，叶片大，分裂较浅。
	② 山楂果实直径1～1.5cm，有浅色斑点。	山里红果实直径达2.5cm，有淡褐色斑点。
园林应用	花色素雅，红果累累，是北方重要的经济果树，园林中常孤植或丛植，观花、观果欣赏。	

山楂叶片宽卵形或三角状卵形，稀菱状
卵形，通常两侧各有3~5羽状深裂片

山里红叶较大，阔卵形或三角卵形，叶片大，分裂较浅

山楂果实直径1~1.5cm，有浅色斑点

山里红果实直径达2.5cm，有淡褐色斑点

山楂用于园林绿化

山里红用于园林绿化

54. 皱皮木瓜与木瓜

	皱皮木瓜（贴梗海棠）	木瓜（木瓜海棠）
学名	*Chaenomeles speciosa*	*Chaenomeles sinensis*
科属	蔷薇科木瓜属	蔷薇科木瓜属
形态	落叶灌木，高达2m。	落叶灌木或小乔木，高达5～10m，树皮呈不规则片状脱落。
茎	枝条直立开展，有刺；小枝圆柱形，紫褐色或黑褐色。	小枝无刺，圆柱形，紫红色；短小枝常呈棘状。
叶	叶卵形至椭圆形，长3～9cm，边缘具有尖锐锯齿；托叶大形，草质，肾形或半圆形。	单叶、互生，椭圆卵形，先端急尖，缘有刺芒状腺齿。
花	花先叶开放，3～5朵簇生于二年生老枝上，单瓣，花梗短粗，花瓣倒卵形或近圆形，猩红色，稀淡红色或白色。	花先叶或同叶开放，单生于叶腋，淡粉红色。
果实	果实球形或卵球形，黄色或带黄绿色，有稀疏不显明斑点，味芳香。	果长椭圆形，暗黄色，木质，味芳香。
花果期	花期3～5月，果期9～10月。	花期4月，果期9～10月。
产地	产陕西、甘肃、四川、贵州、云南、广东。缅甸亦有分布。	产山东、陕西、湖北、江西、安徽、江苏、浙江、广东、广西。
区别	① 皱皮木瓜为灌木；	木瓜为灌木或小乔树。
	② 皱皮木瓜花簇生，先于叶开放；	木瓜花单生，后于叶开放。
	③ 皱皮木瓜果实球形或卵球形。	木瓜的果实长椭圆形。
	另外，皱皮木瓜枝有刺；木瓜小枝无刺，也可作为区分标准之一。	
园林应用	为著名观花观果植物，开花繁盛，色彩艳丽，果实具芳香，园林中常丛植于路缘、花坛内，做绿篱、地被栽植观赏，也可与其他花灌木搭配种植。	

皱皮木瓜花簇生，先于叶开放

皱皮木瓜为灌木

木瓜为灌木或小乔树

木瓜花单生，后于叶开放

皱皮木瓜的叶

木瓜的叶

皱皮木瓜果实球形或卵球形

木瓜的果实长椭圆形

55. 水团花与细叶水团花

	水团花（水杨梅、假马烟树）	细叶水团花
学名	*Adina pilulifera*	*Adina rubella*
科属	茜草科水团花属	茜草科水团花属
形态	常绿灌木至小乔木，高达5m。	落叶小灌木，高1～3m。
茎	小枝开展。	小枝延长，具赤褐色微毛，后无毛。
叶	叶对生，厚纸质，椭圆形至椭圆状披针形，或有时倒卵状长圆形至倒卵状披针形，长4～12cm，宽1.5～3cm，顶端短尖至渐尖而钝头，基部钝或楔形，有时渐狭窄，上面无毛，下面无毛或有时被稀疏短柔毛。	叶对生，近无柄，薄革质，卵状披针形或卵状椭圆形，全缘，长2.5～4cm，宽8～12mm，顶端渐尖或短尖，基部阔楔形或近圆形。
花	头状花序明显腋生，极稀顶生，直径不计花冠4～6mm，花序轴单生，不分枝；花冠白色，窄漏斗状，雄蕊5枚，花柱伸出。	头状花序，单生，顶生或兼有腋生，总花梗略被柔毛；小苞片线形或线状棒形；花冠裂片三角状，紫红色。
果实	小蒴果楔形，种子长圆形，两端有狭翅。	小蒴果长卵状楔形。
花果期	花期6～7月。	花、果期5～12月。
产地	产于长江以南各省区；生于海拔200～350m山谷疏林下或旷野路旁、溪边水畔。国外分布于日本和越南。	产于广东、广西、福建、江苏、浙江、湖南、江西和陕西；生于溪边、河边、沙滩等湿润地区。国外分布于朝鲜。
区别	① 水团花花冠白色，窄漏斗状；	细叶水团花花冠紫红色，花冠裂片三角状。
	② 水团花叶厚纸质，长4～12cm，宽1.5～3cm。	细叶水团花叶薄革质，长2.5～4cm，宽0.8～1.2cm。
园林应用	花型奇特，目前园林中较少栽培，可引种用于公园中的园路边、山石边或墙垣边绿化。	

水团花花冠白色，窄漏斗状

细叶水团花花冠紫红色，花冠裂片三角状

水团花叶厚纸质，长4～12cm，宽1.5～3cm

细叶水团花叶薄革质，长2.5～4cm，宽0.8～1.2cm

水团花局部

水团花野生境

细叶水团花局部

	毛樱桃（樱桃）	榆叶梅（小红桃）
学名	*Cerasus tomentosa*	*Amygdalus triloba*
科属	蔷薇科樱属	蔷薇科桃属
形态	落叶灌木，高2～3m。	落叶灌木，高2～3m。
茎	嫩枝密被茸毛，冬芽3枚并生。	枝条开展，无毛。
叶	叶椭圆形或倒卵形，长2～7cm，先端急尖或渐尖，基部楔形，缘有不整齐尖锯齿，上面暗绿色或深绿色，两面具茸毛。	短枝上的叶常簇生，一年生枝上的叶互生；叶宽椭圆形至倒卵形，长2～6cm，先端短渐尖，常3裂，基部宽楔形，叶边具粗锯齿或重锯齿，两面具柔毛。
花	花单生或2朵簇生，花叶同开，白色或粉红色，萼筒管状或杯状，花梗极短。	花1～2朵，先于叶开放，粉红色。
果实	核果近球形，红色。	果实近球形，红色
花果期	花期4～5月，果期6～9月。	花期4～5月，果期5～7月。
产地	产黑龙江、吉林、辽宁、内蒙古、河北、山西、陕西、甘肃、宁夏、青海、山东、四川、云南、西藏。生于海拔100～3200m山坡林中、林缘、灌丛中或草地。	产黑龙江、吉林、辽宁、内蒙古、河北、山西、陕西、甘肃、山东、江西、江苏、浙江等省区。生于低至中海拔的坡地或沟旁乔、灌木林下或林缘。俄罗斯中亚也有。
区别	① 毛樱桃嫩枝密被茸毛；	榆叶梅嫩枝无毛。
	② 毛樱桃叶先端急尖或渐尖，缘有不整齐尖锯齿；	榆叶梅叶先端短渐尖，常3裂，叶边具粗锯齿或重锯齿。
	③ 毛樱桃果实成熟后红色，光滑柔软，可食。	榆叶梅为核果，坚硬，成熟后红色，外被短柔毛。
园林应用	春季开花，粉花满树，夏初红果累累，北方园林中常孤植、丛植于草地、路缘观花观果欣赏。	

毛樱桃嫩枝密被茸毛

榆叶梅嫩枝无毛

毛樱桃叶先端急尖或渐尖，缘有不整齐尖锯齿

榆叶梅叶先端短渐尖，常3裂，叶边具粗锯齿或重锯齿

重瓣榆叶梅用于园林绿化

毛樱桃的花

榆叶梅的花

毛樱桃用于园林绿化

毛樱桃果实成熟后红色，光滑柔软，可食

榆叶梅为核果，坚硬，成熟后红色，外被短柔毛

57. 紫荆⑤黄山紫荆

	紫荆（满条红）	黄山紫荆（浙皖紫荆）
学名	*Cercis chinensis*	*Cercis chingii*
科属	豆科紫荆属	豆科紫荆属
形态	落叶灌木，高2～5m。	落叶灌木，高2～4m。
茎	树皮和小枝灰白色。	主干和分枝常呈披散状。
叶	叶纸质，近圆形或三角状圆形，先端急尖，基部浅至深心形，两面无毛。	叶近革质，卵圆形或肾形，先端急尖或圆钝，基部心形或截平，基部脉腋间或沿主脉上常被短柔毛。
花	花先于叶开放，紫红色或粉红色，簇生于老枝和主干上。	花常先叶开放，数朵簇生于老枝上，淡紫红色，后渐变白色。
果实	荚果扁狭长形。	荚果厚革质，坚硬，二瓣裂，果瓣常扭曲。
花果期	花期3～4月；果期8～10月。	花期2～3月；果期9～10月。
产地	产我国东南部，北至河北，南至广东、广西，西至云南、四川，西北至陕西，东至浙江、江苏和山东等省区。多植于庭园、屋旁、寺街边，少数生于密林或石灰岩地区。	产安徽、浙江和广东北部。生于低海拔山地疏林灌丛，路旁或栽培于庭园中。
区别	① 紫荆叶纸质，下面通常无毛或沿脉上被短柔毛；	黄山紫荆叶近革质，下面常于基部脉腋间被簇生柔毛。
	② 紫荆的花紫红色或粉红色；	黄山紫荆的花淡紫红色，后渐变白色。
	③ 紫荆荚果薄，通常不开裂，有翅，喙细小而弯曲。	黄山紫荆荚果厚而坚硬，开裂，果瓣常扭转，无翅，喙粗而直。
园林应用	早春先花后叶，繁花密集于枝条上，十分壮观，常孤植或丛植于草地、屋旁或角隅处观赏。	

紫荆叶纸质，下面通常无毛或沿脉上被短柔毛　　　黄山紫荆叶近革质，下面常于基部脉腋间被簇生柔毛

黄山紫荆的花淡紫红色，后渐变白色

紫荆的果　　　　　　　　　　紫荆的花紫红色或粉红色

紫荆用于园林绿化　　　　　　　　黄山紫荆用于园林绿化

58. 毛洋槐与紫花洋槐

	毛洋槐（毛刺槐、粉花刺槐）	紫花洋槐
学名	*Robinia hispida*	*Robinia pseudoacacia* var. *decaisneana*
科属	豆科刺槐属	豆科刺槐属
形态	落叶灌木，高1～3m。	乔木，株高可达10m以上。
茎	幼枝绿色，密被紫红色硬腺毛及白色曲柔毛；二年生枝深灰褐色，密被褐色刚毛。	小枝灰褐色，无毛或幼时有柔毛。
叶	奇数羽状复叶，叶轴被刚毛及白色短曲柔毛，有沟槽；小叶11～17，椭圆形、阔卵形，叶轴下部1对小叶最小，两端圆，先端芒尖。	单数羽状复叶，具小叶7～19，叶对生或互生，叶轴疏生柔毛，小叶矩圆形、椭圆形、卵状矩圆形或矩圆状披针形，全缘，两面无毛或幼时被柔毛。
花	总状花序腋生，红色至玫瑰红色。	总状花序腋生，花紫红色，芳香。
果实	荚果线形，扁平。	荚果扁平。
花果期	花期5～6月，果期7～10月。	花期夏季，果期秋季。
产地	原产北美，我国北方引种栽培。	栽培变种。
区别	两者从外观上初看花色、花型相差无几，不易区别，如细细观察，则较易区别。	
	① 毛洋槐茎、枝具硬腺毛或刚毛；	紫花洋槐枝条仅幼时被柔毛。
	② 毛洋槐花萼、花梗均具硬腺毛；	紫花洋槐的花萼被小量短柔毛。
	③ 毛洋槐为灌木。	紫花洋槐为乔木。
园林应用	毛洋槐适应性强，花大美观，紫花洋槐开花繁盛，具芳香，两者均为重要的观花植物，可用于园路边、庭院一隅等栽培观赏。	

毛洋槐茎、枝具硬腺毛或刚毛

紫花洋槐枝条仅幼时被柔毛

毛洋槐花萼、花梗均具硬腺毛

紫花洋槐的花萼被小量短柔毛

毛洋槐的叶

毛洋槐的花特写

紫花洋槐花特写

紫花洋槐的叶

毛洋槐用于园林绿化

紫花洋槐用于园林绿

	紫藤（朱藤、藤萝树）	多花紫藤（日本紫藤）
学名	*Wisteria sinensis*	*Wisteria floribunda*
科属	豆科紫藤属	豆科紫藤属
形态	落叶藤本。	落叶藤本。
茎	茎左旋，枝较粗壮。	茎右旋，枝较细柔。
叶	奇数羽状复叶，小叶3~6对，纸质，卵状椭圆形至卵状披针形，上部小叶较大，基部1对最小，先端渐尖至尾尖，基部钝圆或楔形，或歪斜。	奇数羽状复叶，小叶5~9对，薄纸质，卵状披针形，自下而上等大或逐渐狭短，先端渐尖，基部钝或歪斜。
花	总状花序，长10~35cm，花长2~2.5cm，芳香，紫色。	总状花序长30~90cm，有的品种长达1m以上，紫色至蓝紫色，栽培品种有粉红、白色及重瓣等。
果实	荚果倒披针形。	荚果倒披针形。
花果期	花期4月中旬至5月上旬，果期5~8月。	花期4月下旬至5月中旬，果期5~7月。
产地	产河北以南黄河长江流域及陕西、河南、广西、贵州、云南。	原产日本，我国长江流域及以北有栽培。
区别	① 茎左旋；	茎右旋。
	② 小叶3~6对；	小叶5~9对。
	③ 花序长10~35cm。	花序长30~90cm，有些品种可达1m以上。
园林应用	先叶开花，紫穗满垂，缀以稀疏嫩叶，十分优美，叶形秀丽，常作庭园棚架绿化植物，也有孤植或丛植与路缘、水边观赏。	

紫藤茎左旋　　　　　　　　　　　　　　多花紫藤茎右旋

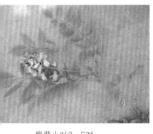

紫藤小叶3～6对　　　　　　　　　　　多花紫藤小叶6～9对

紫藤花序长10～35cm　　　　　　多花紫藤花序长30～90cm，有些品种可达1m以上

紫藤用于园林绿化　　　　　　　　　　多花紫藤用于园林绿化

	牛奶子（秋胡颓子）	胡颓子（羊奶子）
学名	*Elaeagnus umbellata*	*Elaeagnus pungens*
科属	胡颓子科胡颓子属	胡颓子科胡颓子属
形态	落叶直立灌木，高1～4m，具长1～4cm的刺。	常绿直立灌木，高3～4m，具刺。
茎	枝开展，多分枝，幼枝密被银白色和少数黄褐色鳞片，芽银白色或褐色至锈色。	幼枝微扁棱形，密被锈色鳞片，老枝鳞片脱落，黑色，具光泽。
叶	叶纸质或膜质，椭圆形至卵状椭圆形，顶端钝形或渐尖，基部圆形至楔形，边缘全缘或皱卷至波状，下面密被银白色和散生少数褐色鳞片，叶柄白色。	叶革质，互生，椭圆形或阔椭圆形，长5～10cm，两端钝形或基部圆形，边缘微反卷或皱波状，下面密被银白色和少数褐色鳞片，叶柄深褐色。
花	花较叶先开放，黄白色，芳香，密被银白色盾形鳞片，1～7花簇生新枝基部，单生或成对生于幼叶腋。	花白色或淡白色，下垂，密被鳞片，1～3花生于叶腋锈色短小枝上。
果实	果实近球形，成熟时红色，长时间不落。	果实椭圆形，成熟时红色。
花果期	花期4～5月，果期7～8月。	花期9～12月，果期次年4～6月。
产地	产华北、华东、西南各省区和陕西、甘肃、青海、宁夏、辽宁、湖北，生长于海拔20～3000m的向阳的林缘、灌丛中，荒坡上和沟边。日本、朝鲜、中南半岛、印度、尼泊尔、不丹、阿富汗、意大利等均有分布。	产江苏、浙江、福建、安徽、江西、湖北、湖南、贵州、广东、广西，生于海拔1000m以下的向阳山坡或路旁。日本也有分布。
区别	① 牛奶子为落叶灌木；② 牛奶子叶纸质，边缘不反卷，叶柄白色；③ 牛奶子1～7花生于叶腋锈色短小枝上；④ 牛奶子花期4～5月。	胡颓子是常绿灌木。胡颓子叶革质，边缘微反卷，叶柄深褐色。胡颓子1～3花簇生新枝基部。胡颓子花期9～12月。
园林应用	叶正反两面颜色不同，背面银色，是重要的双色叶树种，花芳香，红果悬垂，园林中常孤植、丛植或做绿篱来观赏。	

牛奶子叶纸质，边缘不反卷，叶柄白色

胡颓子叶革质，边缘微反卷，叶柄深褐色

牛奶子为落叶灌木

胡颓子是常绿灌木

牛奶子1~7花生于叶腋锈色短小枝上

胡颓子1~3花簇生新枝基部

牛奶子花特写

胡颓子的果

61. 枸杞与宁夏枸杞

	枸杞（枸杞子）	宁夏枸杞（中宁枸杞）
学名	*Lycium chinense*	*Lycium barbarum*
科属	茄科枸杞属	茄科枸杞属
形态	落叶灌木，高2m。	落叶灌木，高0.8～2m。
茎	枝条细弱，弯曲或俯垂，有棘刺。	分枝细密，小枝弓曲而树冠多呈圆形，有棘刺。
叶	单叶互生或2～4枚簇生，纸质，卵形、长椭圆形或卵状披针形，顶端急尖，基部楔形。	叶互生或簇生，披针形或长椭圆状披针形，顶端短渐尖或急尖，基部楔形。
花	花萼通常3中裂或4～5齿裂，裂片少有缘毛；花冠漏斗状，淡紫色，筒部向上骤然扩大，稍短于或近等于檐部裂片，5深裂。	花萼钟状，常2中裂，裂片有小尖头或顶端又2～3齿裂；花冠漏斗状，紫堇色。
果实	浆果红色。	浆果红色。
花果期	花果期6～11月。	花果5～10月边开花边结果。
产地	分布于我国各省区；朝鲜，日本，欧洲有栽培。	原产我国河北、内蒙古、山西、陕西、甘肃、宁夏、青海、新疆，常生于土层深厚的沟岸、山坡、田埂和宅旁，耐盐碱、沙荒和干旱，因此可作水土保持和造林绿化的灌木。
区别	① 枸杞的叶通常为卵形、长椭圆形或卵状披针形；	宁夏枸杞的叶通常为披针形或长椭圆状披针形。
	② 枸杞的花萼通常为3裂或有时不规则4～5齿裂；	宁夏枸杞花萼通常为2中裂。
	③ 枸杞的果实甜而后味带微苦。	宁夏枸杞果实甜，无苦味。
园林应用	北方常见于沟岸、山坡、田埂和宅旁，耐盐碱、沙荒和干旱，作水土保持和造林绿化植物，在宁夏更是当地的特色经济作物，园林中可做刺篱、花篱和果篱。	

枸杞的叶通常为卵形、长椭圆形或卵状披针形

宁夏枸杞的叶通常为披针形或长椭圆状披针形

枸杞的花萼通常为3裂或有时不规则4~5齿裂

宁夏枸杞花萼通常为2中裂

枸杞花特写

枸杞的果实甜而后味带微苦

宁夏枸杞果实甜，无苦味

晾晒宁夏枸杞

宁夏枸杞用于园林绿化

62. 锦带花与海仙花

	锦带花（锦带）	海仙花（朝鲜锦带花）
学名	*Weigela florida*	*Weigela coraeensis*
科属	忍冬科锦带花属	忍冬科锦带花属
形态	落叶灌木，高达1～3m。	落叶灌木，高达2～5m。
茎	幼枝稍四方形，有2列短柔毛。	小枝粗壮，光滑或略有疏柔毛。
叶	叶矩圆形、椭圆形至倒卵状椭圆形，长5～10cm，顶端渐尖，基部阔楔形至圆形，边缘有锯齿，两面具短柔毛，具短柄至无柄。	叶对生，卵圆形、阔椭圆形或倒卵形，长7～12cm，宽3～7cm，先端突尖或具尾状尖，叶缘具钝浅锯齿。叶表面深绿色，背面淡绿色。
花	花单生或成聚伞花序生于侧生短枝的叶腋或枝顶；萼筒长圆柱形，花冠紫红色或玫瑰红色，裂片不整齐，开展，内面浅红色。	1～3花组成聚伞花序，腋生，花冠漏斗状钟形，初开时淡红色或黄色，后变为深红色。
果实	蒴果柱形。	蒴果柱状长圆形。
花果期	花期4～6月，果期秋季。	花期5～6月，果期7～9月。
产地	产黑龙江、吉林、辽宁、内蒙古、山西、陕西、河南、山东北部、江苏北部等地。生于海拔100～1450m的杂木林下或山顶灌木丛中。苏联、朝鲜和日本也有分布。	原产山东、浙江、江苏和江西。
区别	① 锦带花叶矩圆形、椭圆形至倒卵状椭圆形，长5～10cm；	海仙花叶卵圆形、阔椭圆形或倒卵形，长7～12cm。锦带花的叶较海仙花大。
	② 锦带花花冠紫红色或玫瑰红色，裂片不整齐，开展，内面浅红色。	海仙花花冠漏斗状钟形，初开时淡红色或黄色，后变为深红色。
园林应用	枝繁叶茂，花色富于变化，常孤植或丛植于庭院墙垣、路缘或角隅处观赏，也可做整形花篱或盆栽观赏。	

锦带花叶矩圆形、椭圆形至倒卵状椭圆形，长5～10cm　　　　海仙花叶卵圆形、阔椭圆形或倒卵形，长7～12cm

锦带花花冠紫红色或玫瑰红色，开展，内面浅红色　　　　海仙花花冠漏斗状钟形，初开时淡红色或黄色，后变为深红色

锦带花用于园林绿化　　　　海仙花用于庭园绿化

	云南含笑（皮袋香）	含笑（香蕉花）
学名	*Michelia yunnanensis*	*Michelia figo*
科属	木兰科含笑属	木兰科含笑属
形态	灌木，高可达4m。	常绿灌木或小乔木，高2～3m。
茎	枝叶茂密，芽、嫩枝、嫩叶上面及叶柄、花梗密被深红色平伏毛。	分枝繁密，小枝有环状托叶痕。芽、嫩枝、叶柄、花梗均密被黄褐色茸毛。
叶	叶革质，倒卵形、狭倒卵形、狭倒卵状椭圆形，先端圆钝或短急尖，基部楔形，上面深绿色，有光泽，下面常残留平伏毛，托叶痕为叶柄长的2/3或达顶端。	叶革质，互生，倒卵状椭圆形，全缘。
花	花白色，极芳香，花被片6～12 (17) 片，倒卵形，倒卵状椭圆形，花丝白色。	花直立，淡黄色而边缘有时红色或紫色，具甜浓的芳香，花被片6，肉质，较肥厚，长椭圆形。
果实	聚合蓇葖果。	蓇葖果卵圆形。
花果期	花期3～4月，果期8～9月。	花期3～5月，果期7～8月。
产地	产于云南中部、南部。生于海拔1100～2300m的山地灌丛中。	原产华南南部各省区，生于阴坡杂木林中，溪谷沿岸尤为茂盛。现长江流域及以南地区有栽培。
区别	① 云南含笑芽、嫩枝、嫩叶上面及叶柄、花梗上，云南含笑密被深红色平伏毛；	含笑密被黄褐色茸毛。
	② 云南含笑花白色，花被片6～12 (17) 片，倒卵形，倒卵状椭圆形，花丝白色。	含笑花直立，淡黄色而边缘有时红色或紫色，花被片6，肉质，花丝褐色。
园林应用	四季常绿，花香浓郁，是优良的观花及闻香树种。园林中常孤植、丛植或群植于庭院、绿地，做地被植物用。	

云南含笑芽、嫩枝、嫩叶上面及叶柄、
花梗上密被深红色平伏毛

含笑芽、嫩枝、嫩叶上面及叶柄、
花梗上密被黄褐色茸毛

云南含笑花白色，花被片6~12（17）片，花丝白色

含笑花直立，淡黄色而边缘有时红色或紫色，
花被片6，花丝褐色

云南含笑的叶

含笑的叶

云南含笑用于园林绿化

含笑用于园林绿化

64. 鸡蛋果与西番莲

	鸡蛋果（百香果）	西番莲（转心莲）
学名	*Passiflora edulis*	*Passiflora caerulea*
科属	西番莲科西番莲属	西番莲科西番莲属
形态	常绿藤本。	藤本。
茎	茎具细条纹，有卷须。	茎圆柱形并微有棱角。
叶	叶纸质，互生，掌状3深裂，叶柄上有1～2枚腺体。	叶纸质，掌状5深裂，裂片全缘；叶柄中部有2～4（6）细小腺体；托叶较大，肾形，抱茎、边缘波状。
花	聚伞花序退化仅存1花，与卷须对生；花芳香，萼片5枚，外面绿色，内面绿白色，花瓣5枚，与萼片等长；外副花冠裂片4～5轮，外2轮裂片丝状，约与花瓣近等长，基部淡绿色，中部紫色，顶部白色，内3轮裂片窄三角形；内副花冠非褶状，顶端全缘或为不规则撕裂状。	聚伞花序退化仅存1花，与卷须对生；花大，淡绿色，萼片5枚，外面淡绿色，内面绿白色；花瓣5枚，淡绿色，与萼片近等长；外副花冠裂片3轮，丝状，顶端天蓝色，中部白色、下部紫红色，内轮裂片丝状，内副花冠流苏状，裂片紫红。
果实	浆果卵球形。	浆果卵圆球形。
花果期	花期6月，果期11月。	花期5～7月。
产地	栽培于广东、海南、福建、云南、台湾。原产大小安的列斯群岛，现广植于热带和亚热带地区。	栽培于广西、江西、四川、云南等地。原产南美洲。热带、亚热带地区常见栽培。
区别	① 鸡蛋果枝条绿色，叶掌状3深裂，裂片具细齿； ② 两者花萼及花瓣相似，外面近绿化，内面为绿白色，但鸡蛋果外副花冠外2轮裂片丝状，约基部淡绿色，中部紫色，顶部白色。	西番莲叶掌状5裂，裂片全缘。 西番莲外副花冠裂片3轮，丝状，顶端天蓝色，中部白色、下部紫红色。
园林应用	花形独特、美观，花期长，常用于棚架、墙垣、栅栏等绿化。鸡蛋果常作水果栽培。	

鸡蛋果叶掌状3深裂，裂片具细齿

西番莲叶掌状5裂，裂片全缘

鸡蛋果外副花冠外2轮裂片丝状，
基部淡绿色，中部紫色，顶部白色

西番莲外副花冠裂片3轮，丝状，顶端天
蓝色，中部白色、下部紫红色

鸡蛋果的果实

鸡蛋果用于园林绿化

西番莲用于棚架绿化

65. 油桐与木油桐

	油桐（光桐、桐油树）	木油桐（千年桐、山桐子）
学名	*Vernicia fordii*	*Vernicia montana*
科属	大戟科油桐属	大戟科油桐属
形态	落叶乔木，高达10m；树皮灰色，近光滑。	落叶乔木，高达20m。
茎	枝条粗壮，无毛，具明显皮孔。	枝条无毛，散生突起皮孔。
叶	叶卵圆形，长8～18cm，顶端短尖，基部截平至浅心形，全缘，稀1～3浅裂，叶柄顶端有2枚扁平、无柄腺体。	叶阔卵形，长8～20cm，顶端短尖至渐尖，基部心形至截平，全缘或2～5裂，裂缺常有杯状腺体，叶柄顶端有2枚具柄的杯状腺体。
花	花雌雄同株，先叶或与叶同时开放；花瓣白色，有淡红色脉纹。	雌雄异株或有时同株异序，花瓣白色或基部紫红色且有紫红色脉纹。
果实	核果近球状，果皮光滑。	核果卵球状，具3条纵棱，棱间有粗疏网状皱纹。
花果期	花期3～4月，果期8～9月。	花期4～5月。
产地	产于陕西、河南、江苏、安徽、浙江、江西、福建、湖南、湖北、广东、海南、广西、四川、贵州、云南等省区，通常栽培于海拔1000m以下丘陵山地。越南也有分布。	分布于浙江、江西、福建、台湾、湖南、广东、海南、广西、贵州、云南等省区，生于海拔1300m以下的疏林中。越南、泰国、缅甸也有分布。
区别	① 油桐叶全缘，稀1～3浅裂； ② 油桐果无棱，平滑； ③ 油桐花瓣白色，有淡红色脉纹。	木油桐叶全缘或2～5浅裂。 木油桐果具三棱，果皮有皱纹。 木油桐花瓣白色或基部紫红色且有紫红色脉纹。
园林应用	树形高大挺拔，叶形可爱，花色雅致，果实独特，可作园景树或行道树，孤植、列植效果均佳。	

油桐叶全缘,稀1~3浅裂　　　木油桐叶全缘或2~5浅裂　　　木油桐果具三棱,果皮有皱纹

油桐果无棱,平滑　　　油桐花瓣白色,有淡红色脉纹　　　木油桐花瓣白色或基部紫红色
且有紫红色脉纹

油桐用于园林绿化　　　　　　木油桐用于园林绿化

66. 野罂粟 与 花菱草

	野罂粟（山罂粟）	花菱草
学名	*Papaver nudicaule*	*Eschscholzia californica*
科属	罂粟科罂粟属	罂粟科花菱草属
形态	多年生草本，高20~60cm。	多年生草本，无毛，高30~60cm，植株带蓝灰色。
茎	根茎短，通常不分枝，茎极缩短。	分枝开展，呈二歧状。
叶	叶全部基生，卵形至披针形，羽状浅裂、深裂或全裂，密被或疏被刚毛。	叶长10~30cm，多回三出羽状细裂，裂片形状多变，线形锐尖、长圆形锐尖或钝、匙状长圆形。
花	花莛1至数枚，直立，密被或疏被斜展刚毛。花单生，花瓣4，淡黄色、黄色或橙黄色或红色。	花单生于茎和分枝顶端，黄色，基部具橙黄色斑点。
果实	蒴果狭倒卵形、倒卵形或倒卵状长圆形。	蒴果狭长圆柱形。
花果期	花果期5~9月。	花期4~8月，果期6~9月。
产地	产华北、西北、东北等地，生于海拔580~3500米的林下、林缘、山坡草地。	原产美国加利福尼亚州。我国广泛引种作庭园观赏植物。
区别	① 叶片及花茎被刚毛；	花菱草无毛，植株带蓝灰色。
	② 叶羽状分裂；	花菱草的叶多回三出羽状细裂，更细碎。
	③ 花蕾下垂。	花菱草的花蕾直立。
园林应用	叶形秀丽，花色鲜艳夺目，园林中常用于花坛、花境和盆栽观赏，也可用于草坪丛植造景。	

野罂粟叶片羽状浅裂、深裂或全裂

花菱草的叶多回三出羽状
细裂，更细碎

野罂粟的花蕾常下垂　　　　　花菱草的花蕾直立　　　　　花菱草无毛，植株带蓝灰色

野罂粟花朵特写　　　　　　　　　　　花菱草花朵特写

野罂粟用于园林绿化　　　　　　　　　花菱草用于园林绿化

67. 克鲁兹王莲与亚马逊王莲

	克鲁兹王莲（小王莲）	亚马逊王莲（王莲）
学名	*Victoria cruziana*	*Victoria amazonica*
科属	睡莲科王莲属	睡莲科王莲属
形态	多年生大型浮叶植物。	多年生大型浮叶植物。
茎	根状茎直立，具发达的不定根，白色。	根状茎直立，具发达的不定根，白色。
叶	叶圆形，叶缘向上反折，边缘高可达20cm，呈圆盘形，叶面光滑，绿色。	叶椭圆形至圆形，直径可达3cm。叶缘向上反折，边缘高5～10cm，呈圆盘形，叶面绿色略带微红，有皱褶，背面紫红色，具刺。
花	花单生，直径约20cm，伸出水面，芳香；初开时白色，后渐变为粉红色，至凋落时颜色逐渐加深。	花单生，直径可达40cm，伸出水面，芳香；初开时白色，后渐变为粉红色，至凋落时颜色逐渐加深。
果实	浆果。	浆果。
花果期	花果期7～8月。	花果期7～9月。
产地	原产南美洲的巴拉圭及阿根廷，我国有引种栽培。	原产南美洲亚马逊河流域，主产巴西、玻利维亚等国，我国南方广泛引种栽培。
区别	①克鲁兹王莲叶面光滑，绿色，边缘外侧略带红色；②叶缘高可达20cm，花直径约20cm。	亚马逊王莲叶面绿色，边缘外侧红色，有皱褶，背面紫红色。叶缘高5～10cm，花直径可达40cm。
园林应用	叶形独特、大型，花大色艳且富于变化，为著名水生植物，常用于水生植物景观，两种王莲常混植于一起，与其他水生植物搭配，营造出丰富的景观效果。	

克鲁兹王莲叶面光滑，绿色，边缘外侧略带红色，
叶缘高可达20cm

亚马逊王莲叶面绿色，边缘外侧红色，
叶缘高5～10cm

克鲁兹王莲花直径约20cm

亚马逊王莲花直径可达40cm

克鲁兹王莲用于水景绿化

亚马逊王莲用于水景绿化

	马缨丹（五色梅）	蔓马缨丹（蔓马樱丹）
学名	*Lantana camara*	*Lantana montevidensis*
科属	马鞭草科马缨丹属	马鞭草科马缨丹属
形态	直立或蔓性的灌木，高1～2m。	灌木。
茎	茎枝均呈四方形，有短柔毛，通常有短而倒钩状刺。	枝下垂，被柔毛。
叶	单叶对生，揉烂后有强烈的气味，卵形至卵状长圆形，顶端急尖或渐尖，基部心形或楔形，边缘有钝齿，表面有粗糙的皱纹和短柔毛，背面有小刚毛。	单叶对生，揉烂后有强烈的气味，叶卵形，基部突然变狭，边缘有粗齿。
花	头状花序腋生，花冠黄色或橙黄色、深红色。	头状花序具长总花梗；花淡紫红色；苞片阔卵形，长不超过花冠管的中部。
果实	果圆球形。	果圆球形。
花果期	全年开花。	花期全年。
产地	原产美洲热带地区，现在我国台湾、福建、广东、广西见有逸生。世界热带地区均有分布。	美洲热带。
区别	① 马缨丹茎直立或呈蔓性灌木；	蔓马缨丹枝条下垂。
	② 马缨丹花冠黄色或橙黄色，开花后不久转为深红色。	蔓马缨丹花淡紫红色，色泽不变。
园林应用	花期长，色彩雅致，枝条柔软下垂，常在庭院中作为花坛、地被和垂直绿化材料。	

马缨丹茎直立或呈蔓性灌木　　　　　马缨丹花冠黄色或橙黄色，开花后不久转为深红色

蔓马缨丹花淡紫红色，色泽不变　　　　　　　　蔓马樱的叶

马缨丹的叶　　　　　　　　　　　　蔓马缨丹枝条下垂

蔓马缨丹用于园林绿化

马缨丹用于园林绿化

69. 臭牡丹 与 臭茉莉

	臭牡丹（大红袍、矮桐）	臭茉莉（白花臭牡丹）
学名	*Clerodendrum bungei*	*Clerodendrum chinense* var. *simplex*
科属	马鞭草科大青属	马鞭草科大青属
形态	灌木，高1～2m，植株有臭味。	灌木，植物体被毛较密。
茎	小枝近圆形，皮孔显著。	小枝近圆形，皮孔显著。
叶	叶纸质，宽卵形或卵形，长8～20cm，顶端尖或渐尖，基部宽楔形、截形或心形，边缘具粗或细锯齿，两面有柔毛，基部脉腋有数个盘状腺体。	叶对生，阔卵形，长11～15cm或更长，先端渐尖，基部截形或心形，有粗齿，被毛或近秃净，揉之有臭味；具长柄。
花	伞房状聚伞花序顶生，花冠淡红色、红色或紫红色。	伞房状聚伞花序较密集，花较多，花冠白色或淡红色。
果实	核果近球形，蓝黑色。	核果近球形，蓝黑色。
花果期	花果期5～11月。	花果期5～11月。
产地	产华北、西北、西南、江南、华中及广西。生于海拔2500m以下的山坡、林缘、沟谷、路旁、灌丛润湿处。印度北部、越南、马来西亚也有分布。	产云南、广西、贵州。生于海拔650～1500m的林中或溪边。
区别	① 臭牡丹叶宽卵形或卵形基部常心形；	臭茉莉叶阔卵形，基部常截形或心形。
	② 臭牡丹花冠淡红色、红色或紫红色。	臭茉莉花冠白色或淡红色。
园林应用	臭牡丹及臭茉莉性强健，适应性强，花美观，有较高观赏价值，可用于林下、路边、水岸边等栽培观赏，也可作地被植物。	

臭牡丹叶宽卵形或卵形，基部常心形

臭茉莉叶阔卵形，基部常截形或心形

臭牡丹花冠淡红色、红色或紫红色

臭茉莉花冠白色或淡红色

臭牡丹用于园林绿化

臭茉莉用于园林绿化

	大花鸳鸯茉莉（大花番茉莉）	鸳鸯茉莉
学名	*Brunfelsia pauciflora*	*Brunfelsia brasiliensis*
科属	茄科鸳鸯茉莉属	茄科鸳鸯茉莉属
形态	多年生常绿灌木，高2m。	多年生常绿灌木，高50~100cm。
茎	多分枝。	秃净无毛，多分枝。
叶	叶较大，单叶互生，长披针形，全缘，纸质，叶缘略波皱。	单叶互生，矩圆形或椭圆状矩形，先端渐尖，全缘或微波状。
花	花大，单生或2~3朵簇生于枝顶，高脚碟状，初开时蓝色后变为白色，芳香。	花单生或数朵呈聚伞花序，高脚碟状，初开时淡紫色，后变为白色。
果实	浆果。	浆果。
花果期	花期几乎全年，10~12月为盛花期，果期春季。	几乎全年见花。
产地	原产巴西及西印度群岛。	原产美洲。
区别	① 大花鸳鸯茉莉的叶较大，长披针形；	鸳鸯茉莉的叶矩圆形或椭圆状矩形。
	② 大花鸳鸯茉莉花较大。	且花冠管长于鸳鸯茉莉。
园林应用	四季常绿，枝叶茂盛，花色素雅双呈，园林中常丛植于路边、林缘或林下观赏。	

大花鸳鸯茉莉花较大，花冠管较长

大花鸳鸯茉莉的叶较大，长披针形　　　　　　鸳鸯茉莉花较小，花冠管较短

大花鸳鸯茉莉花特写　　　　　　　　　　鸳鸯茉莉花特写

大花鸳鸯茉莉用于园林绿化　　　　　　　鸳鸯茉莉用于园林绿化

71. 荷花与睡莲

	荷花（莲、莲花、菡萏）	睡莲
学名	*Nelumbo nucifera*	*Nymphaea* spp.
科属	睡莲科莲属	睡莲属
形态	多年生水生草本。	多年生水生草本。
茎	根状茎横生，肥厚，节间膨大，内有多数纵行通气孔道，下生须状不定根。	根状茎肥厚。
叶	叶圆形，盾状，全缘稍呈波状，上面光滑，具白粉，下面叶脉从中央射出，叶柄粗壮，圆柱形，中空，外面散生小刺。	叶二型，浮水叶圆形或卵形，基部具弯缺，心形或箭形，常无出水叶；沉水叶薄膜质，脆弱。
花	花梗和叶柄等长或稍长，也散生小刺；花美丽，芳香；花瓣红色、粉红色或白色，矩圆状椭圆形至倒卵形。	花大形、美丽，浮在或高出水面；花瓣白色、蓝色、黄色或粉红色，成多轮，有时内轮渐变成雄蕊。
果实	坚果椭圆形或卵形，果皮革质，坚硬，熟时黑褐色；种子（莲子）卵形或椭圆形。	浆果海绵质，不规则开裂，在水面下成熟；种子坚硬。
花果期	花期6～8月，果期8～10月。	不同种花果期不同。
产地	产于我国南北各省。自生或栽培在池塘或水田内。俄罗斯、朝鲜、日本、印度、越南、亚洲南部和大洋洲均有分布。	广泛分布在温带及热带，我国南北均有栽培。
区别	① 荷花的叶出水面；	睡莲的叶浮于水面。
	② 荷花的花枝挺水，果为坚果。	睡莲的花浮水或挺水，果为浆果，在水下成熟。
园林应用	荷花与睡莲为重要的观赏植物，荷花也具有较高的经济价值，常用于公园、绿地的水体绿化，也可盆栽欣赏。	

睡莲的叶浮于水面

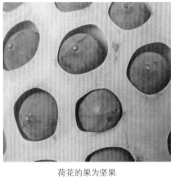

荷花的叶出水面

荷花的果为坚果

荷花的花枝挺水

睡莲的花浮水或挺水

荷叶特写

荷花用于园林绿化

睡莲用于园林绿化

72. 金丝桃与金丝梅

	金丝桃（土连翘）	金丝梅（云南连翘）
学名	*Hypericum monogynum*	*Hypericum patulum*
科属	藤黄科金丝桃属	藤黄科金丝桃属
形态	半常绿灌木，高0.5~1.3m，丛状。	半常绿灌木，高0.3~1.5m，丛状。
茎	小枝圆柱形，红褐色。	小枝具2纵线棱，拱曲，常带紫色。
叶	单叶对生，无柄或具短柄，长椭圆形，长2~11cm，先端锐尖至圆形，通常具细小尖突，基部楔形至圆形或上部有时截形至心形，边缘平坦，坚纸质，叶片腺体小而点状。	单叶对生，具短柄，长圆状披针形，基部狭或宽楔形至短渐狭，边缘平坦，坚纸质。
花	顶生圆锥花序，花金黄色至柠檬黄色，花瓣5，花丝与花瓣近等长。	花金黄色，花丝长短于花瓣的1/2。
果实	蒴果。	蒴果宽卵珠形。
花果期	花期5~8月，果期8~9月。	花期6~7月，果期8~10月。
产地	产河北、陕西、山东、江苏、安徽、浙江、江西、福建、台湾、河南、湖北、湖南、广东、广西、四川及贵州等省区。生于海拔0~1500m的山坡、路旁或灌丛中。	产陕西、江苏、安徽、浙江、江西、福建、台湾、湖北、湖南、广西、四川、贵州等省区。生于海拔300~2400m山坡或山谷的疏林下、路旁或灌丛中。
区别	① 金丝桃小枝红褐色； ② 金丝桃花丝与花瓣近等长。	金丝梅小枝常呈红色或暗褐色。 金丝梅花丝约为花瓣的1/5~1/2。
园林应用	冠形优美，花色艳丽，花期长，常植于路边、池畔、庭院角隅丛植观赏。	

金丝桃小枝红褐色

金丝梅小枝常呈红色或暗褐色

金丝桃花丝与花瓣近等长

金丝梅花丝约为花瓣的五分之二至二分之一

金丝桃的叶

金丝梅的叶

金丝梅用于园林绿化

金丝桃用于园林绿化

	凌霄（女葳花）	厚萼凌霄（美洲凌霄、杜凌霄）
学名	*Campsis grandiflora*	*Campsis radicans*
科属	紫葳科凌霄属	紫葳科凌霄属
形态	攀援藤本。	藤本，长达10m。
茎	茎木质，表皮脱落，枯褐色，以气生根攀附于它物之上。	枝上具气生根。
叶	奇数羽状复叶，对生；小叶7～9枚，卵形至卵状披针形，顶端尾状渐尖，基部阔楔形，两侧不等大，边缘有粗锯齿。	小叶9～11枚，椭圆形至卵状椭圆形，长3.5～6.5cm，宽2～4cm，顶端尾状渐尖，基部楔形，边缘具齿，上面深绿色，下面淡绿色，被毛，或沿中肋被短柔毛。
花	顶生疏散的短圆锥花序，花序轴长15～20cm。花萼钟状，长3cm，分裂至中部，裂片披针形，长约1.5cm。花冠内面鲜红色，外面橙黄色，长约5cm，裂片半圆形。	花萼钟状，长约2cm，5浅裂至萼筒的1/3处，裂片齿卵状三角形，外向微卷，无凸起的纵肋。花冠筒细长，漏斗状，橙红色至鲜红色，筒部为花萼长的3倍。
果实	蒴果，顶端钝。	蒴果长圆柱形，顶端具喙尖，沿缝线具龙骨状突起，具柄，硬壳质。
花果期	花期5～8月。	花期春季。
产地	产长江流域各地，以及河北、山东、河南、福建、广东、广西、陕西，在台湾有栽培；日本也有分布。	原产美洲。我国南部有栽培。
区别	① 凌霄小叶7～9枚，叶下面无毛；	厚萼凌霄小叶9～11枚，叶下面被毛，至少沿中脉及侧脉及叶轴被短柔毛。
	② 凌霄花冠内面鲜红色，外面橙黄色，花冠筒短。	厚萼凌霄花冠筒细长，漏斗状，橙红色至鲜红色，筒部为花萼长的3倍。
园林应用	叶形秀丽，适应性强，攀附性强，用于棚架、假山等的垂直绿化。	花期长，花色艳丽，园林中常用于棚架、假山等的垂直绿化。

凌霄小叶7~9枚

厚萼凌霄小叶9~11枚

凌霄花冠内面鲜红色，外面橙黄色，花冠筒短

厚萼凌霄花冠筒细长，漏斗状，橙红色至鲜红色

厚萼凌霄的花与果实

凌霄花特写

厚萼凌霄用于园林绿化

74. 樱麒麟⑤大花樱麒麟

	樱麒麟 （玫瑰樱麒麟）	大花樱麒麟 （大花木麒麟、大叶木麒麟）
学名	*Pereskia bleo*	*Pereskia grandifolia*
科属	仙人掌科木麒麟属	仙人掌科木麒麟属
形态	常绿灌木，株高约2m，也可达6～7m。	直立常绿灌木，高2～5m。
茎	茎粗壮，具刺。	茎肉质，多刺。
叶	叶片多数，肉质，长椭圆形，先端尖，边缘波状，叶绿色，具乳汁。	叶长圆形，通常集生于枝干或枝端，先端或钝。
花	总状花序生于茎顶，橙红色。	花紫色或玫瑰红色，呈簇生状。
果实	浆果，成熟后鲜黄色。	浆果，梨形。
花果期	花期春至秋。	花期春至秋。
产地	中美洲的荫蔽及潮湿的森林中。	原产巴西，我国有栽培。
区别	① 樱麒麟的花橙红色； ② 樱麒麟的叶缘呈波状。	大花樱麒麟花为紫色或玫瑰红色。 大花樱麒麟叶面平滑。
园林应用	两者为著名的仙人掌科植物，因其具有叶片而显得独特，园林中可用于棚架绿化或用于栅栏等处做绿篱，也可盆栽观赏。	

櫻麒麟的花橙红色

大花櫻麒麟花为紫色或玫瑰红色

大花櫻麒麟叶面平滑

櫻麒麟的叶缘呈波状

大花櫻麒麟开花繁茂

櫻麒麟局部形态

大花櫻麒麟特写

75. 常春藤⑤洋常春藤

	常春藤（枫藤、长春藤）	洋常春藤（欧常春藤）
学名	*Hedera nepalensis* var. *sinensis*	*Hedera helix*
科属	五加科常春藤属	五加科常春藤属
形态	常绿攀援灌木。	常绿攀援木本。
茎	茎有气生根。	茎软，生有气生根。
叶	叶片革质，在不育枝上通常为三角状卵形或三角状长圆形，稀三角形或箭形，先端短渐尖，基部截形，稀心形，边缘全缘或3裂，花枝上的叶片通常为椭圆状卵形至椭圆状披针形，略歪斜而带菱形，稀卵形或披针形，极稀为阔卵形、圆卵形或箭形。	叶革质，互生，在营养枝上（不育枝）的叶为3～5裂，在生殖枝上（花枝上）的叶为卵形至菱形，全缘。
花	伞形花序单个顶生，花淡黄白色或淡绿白色，芳香；花瓣5，三角状卵形。	伞形花序，花小，黄白色。
果实	果实球形，红色或黄色。	果实球形，黑色。
花果期	花期9～11月，果期次年3～5月。	花期7～8月，翌年春季果熟。
产地	分布地区广，北自甘肃东南部、陕西南部、河南、山东，南至广东、江西、福建，西自西藏波密，东至江苏、浙江的广大区域内均有生长。垂直分布海拔自数十米起至3500m，常攀援于林缘树木、林下路旁、岩石和房屋墙壁上。越南也有分布。	原产北非、欧洲、亚洲。
区别	① 常春藤叶色为全绿；	洋常春藤常有色斑及条纹，偶见全绿色。
	② 常春藤易结实，果实成熟后红色或黄色； ③ 常春藤在不育枝上叶片通常为三角状卵形或三角状长圆形，生殖枝上叶片通常为椭圆状卵形至椭圆状披针形，略歪斜而带菱形。	洋常春藤果实为黑色，但较少结果。 洋常春藤在不育枝的叶为3～5裂，在生殖枝上的叶为卵形至菱形，全缘。
园林应用	四季常绿，叶形多变，色彩丰富，分布密集，适应性强，是有效覆盖地面、假山或墙体的优良材料。	

常春藤在不育枝上叶片通常为三角状卵形或三角状长圆形

常春藤果实成熟后红色或黄色

常春藤生殖枝上叶片通常为椭圆状卵形至椭圆状披针形

常春藤叶

洋常春藤在不育枝的叶为3～5裂

洋常春藤常有色斑及条纹

常春藤用于园路边绿化

洋常春藤用于墙面绿化

洋常春藤用于园林绿化

	光荚含羞草（簕仔树）	银合欢（白合欢）
学名	*Mimosa bimucronata*	*Leucaena leucocephala*
科属	豆科含羞草属	含羞草科银合欢属
形态	落叶灌木，高3～6m。	灌木或小乔木，高2～6m。
茎	小枝无刺，密被黄色茸毛。	幼枝被短柔毛，老枝无毛，具褐色皮孔。
叶	二回羽状复叶，羽片6～7对，小叶12对以上，线形，革质，先端具小尖头，除边缘疏具缘毛外，其余无毛，中脉略偏上缘。	二回偶数羽状复叶，托叶三角形。羽片4～8对，在最下和最上一对羽片着生处有黑色腺体1枚；小叶5～15对，线状长圆形，中脉偏向小叶上缘。
花	头状花序，白色。	头状花序腋生，白色。
果实	荚果带状。	荚果带状。
花果期		花期4～7月；果期8～10月。
产地	产广东南部沿海地区。逸生于疏林下。原产热带美洲。	产台湾、福建、广东、广西和云南，生于低海拔的荒地或疏林中。原产热带美洲，现广布于各热带地区。
区别	① 光荚含羞草二回羽状复叶，羽片6～7对，羽片较硬；	银合欢羽片4～8对，小叶5～15对，羽片较软，在最下和最上一对羽片着生处各有黑色腺体1枚。
	② 光荚含羞草开花量大。	银合欢花较少。
园林应用	光荚含羞草耐旱，适应力强，常用做绿篱或植于坡地，用作水土保持植物。银合欢习性强健，易栽培，也常用作水土保持植物或用于园林绿化。	

光荚含羞草二回羽状复叶，羽片6~7对

银合欢羽片4~8对

光荚含羞草开花量大

银合欢花较少

银合欢的果

银合欢花叶局部

林下逸生的光荚含羞草

银合欢用于园林绿化

77. 垂枝红千层 与 美丽红千层

	垂枝红千层（串钱柳）	美丽红千层（美花红千层）
学名	*Callistemon viminalis*	*Callistemon speciosus*
科属	桃金娘科红千层属	桃金娘科红千层属
形态	小乔木。树皮灰白色。	多年生常绿灌木，高可达8m。
茎	幼枝柔软下垂。	树皮灰色或褐色，枝条直立或斜伸。
叶	叶狭披针形，柔软，细长如柳，叶片内透明腺点小而多。	叶柄短，互生，披针形，先端尖或钝，叶上密布腺点。
花	花鲜红色，穗状花序较稀疏，下垂。	花鲜红色，穗状花序，直立或斜弯，花序由下逐渐向上开放。
果实	蒴果。	蒴果。
花果期	花期春季。	一年多次开花。
产地		产澳大利亚，我国南方引种栽培。
区别	① 垂枝红千层为小乔木，枝条下垂，叶狭披针形；	美丽红千层为灌木，枝条直立或斜伸，叶披针形，较垂枝红千层叶短而阔。
	② 垂枝红千层花序下垂。	美丽红千层花序直立或斜弯。
园林应用	垂枝红千层与美丽红千层花色艳丽，株形美观，为南方常见绿化树种，可用于园路边、水岸边、庭前屋后栽培观赏。	

垂枝红千层枝条下垂，叶狭披针形　　美丽红千层枝条直立或斜伸，叶披针形　　垂枝红千层花序下垂

美丽红千层花序直立或斜弯　　　　　　　　　　美丽红千层的果

垂枝红千层用于水岸边绿化

垂枝红千层的果　　　　　　　　　　　　　　美丽红千层用于园林绿化

	大花马齿苋 （半支莲、松叶牡丹）	环翅马齿苋 （阔叶马齿苋）
学名	*Portulaca grandiflora*	*Portulaca umbraticola*
科属	马齿苋科马齿苋属	马齿苋科马齿苋属
形态	一年生草本，高10～30cm。	多年生匍匐性草本。
茎	茎平卧或斜升，节上丛生毛。	茎平卧或斜升，节上丛生毛。
叶	叶密集枝端，较为下方的叶分开，细圆柱形。	叶密集，不规则互生，叶卵圆形，扁平，叶柄短而近无柄。
花	花单生或数朵簇生枝端，日开夜闭；花瓣5或重瓣，倒卵形，顶端微凹，红色、紫色或黄白色。	花单生或数朵簇生枝顶，日开夜闭，花色有黄、红、粉红、紫红、白色或复色。
果实	蒴果近椭圆形。	蒴果近椭圆形。
花果期	花期6～9月，果期8～11月，在南方花果期几乎全年。	花期6～9月，在南方花果期几乎全年。
产地	原产巴西。我国各地公园、花圃常有栽培。	栽培种。
区别	① 大花马齿苋叶细圆柱形。	环翅马齿苋叶卵圆形，扁平。
	② 蒴果基部无环翅。	蒴果基部具环翅。
园林应用	花色丰富，色彩鲜艳，自播繁殖能力强，抗旱，可作为花坛、花境、花丛镶边材料或盆栽观赏。	

大花马齿苋叶细圆柱形

环翅马齿苋叶卵圆形，扁平

大花马齿苋的花

环翅马齿苋的花

大花马齿苋用于立体绿化

环翅马齿苋用于园林绿化

	鼠尾掌（细柱孔雀）	管花仙人柱（黄金钮、黄金柱）
学名	*Disocactus flagelliformis*	*Cleistocactus winteri*
科属	仙人掌科姬孔雀属	仙人掌科管花柱属
形态	多年生肉质植物。	多年生肉质植物。
茎	茎变态为细长圆柱形，匍匐，上布满辐射刺。	茎变态为细长圆柱形，直立，上布满黄色辐射刺，长可达1m。
叶	退化。	退化。
花	花粉红色，两侧对称。	花淡红色。
果实	浆果。	浆果。
花果期	花期春季。	花期秋冬，有时春夏也可开花。
产地	产墨西哥，我国有栽培。	产墨西哥，我国有栽培。
区别	① 鼠尾掌茎匍匐；	管花仙人柱茎直立。
	② 鼠尾掌花粉红色。	管花仙人柱花淡红色。
园林应用	株形奇特，为我国常见栽培的仙人掌科植物，多用于布置沙生植物景观或盆栽欣赏。	

鼠尾掌茎匍匐

管花仙人柱茎直立

鼠尾掌花粉红色

管花仙人柱花淡红色

鼠尾掌用于盆栽观赏

管花仙人柱用于沙生区布置景观

	荷叶椒草（青叶碧玉） *Peperomia polybotrya*	镜面草（翠屏草） *Pilea peperomioides*
学名		
科属	胡椒科草胡椒属	荨麻科冷水花属
形态	多年生常绿草本，株高15～20cm。	多年生肉质草本。
茎	无主茎。	茎直立，粗壮，不分枝，节很密集。
叶	叶簇生，近肉质较肥厚，倒卵形，盾状着生于叶柄，灰绿色杂以深绿色脉纹。	叶聚生茎顶端，茎上部密生鳞片状的托叶，叶痕大，半圆形。叶肉质，近圆形或圆卵形，长2.5～9cm，盾状着生于叶柄，先端钝形或圆形，基部圆形或微缺，边缘全缘或浅波状，叶柄长2～17cm。
花	穗状花序，灰白色。	聚伞花序腋生，雌雄异株。
果实	浆果。	瘦果卵形，稍扁。
花果期	未知。	花期4～7月，果期7～9月。
产地	产于热带美洲。	产云南与四川，生于海拔1500～3000m的山谷林下阴湿处。
区别	① 荷叶椒草的花序为穗状花序；	镜面草的花序为聚伞花序。
	② 荷叶椒草的叶互生于茎上，叶上具清晰的弧形平行脉。	镜面草的叶簇生于茎顶，基出脉弧曲。
园林应用	叶姿玲珑可爱，翠绿不凋，耐阴，盆栽作室内观叶植物。叶色靓丽，观赏性强，为优良的观叶植物，多盆栽欣赏，可装饰窗厅、卧室、书房等案几之上。	

荷叶椒草的叶互生于茎上，叶上具清晰的弧形平行脉

镜面草的叶簇生于茎顶，基出脉弧曲

镜面草的花序为聚伞花序

荷叶椒草盆栽

镜面草盆栽

镜面草用于温室绿化

	弹簧草	哨兵花（小苍角殿、海葱）
学名	*Albuca namaquensis*	*Albuca humilis*
科属	百合科肋瓣花属	百合科肋瓣花属
形态	多年生草本植物。	多年生肉质草本，高10cm左右。
茎	具圆形或不规则形鳞茎，地下部分的表皮黄白色，露出土面的部分经日晒后为绿白色。	球茎绿色，外被白色膜质。
叶	肉质叶线形或带状，最初直立生长，后逐渐扭曲盘旋，像弹簧。	叶基生，细长条状，有凹槽。
花	花梗由叶丛中抽出，总状花序，小花下垂，花瓣正面淡黄色，背面黄绿色，芳香，昼开夜闭。	总状花序,1～3朵花，花绿白色。
果实	蒴果。	蒴果。
花果期	花期3至4月。	花期夏季。
产地	产南非，我国引种栽培。	南非。
区别	① 弹簧草扭曲盘旋；	哨兵花的叶线形，不扭曲。
	② 弹簧草小花下垂。	哨兵花小花直立。
园林应用	弹簧草及哨兵花为近年来引进的小型盆栽观赏植物，其形态独特，鳞茎、花、叶均有一定的观赏价值，适合用于点缀窗台、几案等处。	

弹簧草扭曲盘旋

哨兵花的叶线形，不扭曲

弹簧草小花下垂

哨兵花小花直立

哨兵花特写

哨兵花用于盆栽观赏

	红萼龙吐珠	红龙吐珠（艳赪桐、龙吐珠藤）
学名	*Clerodendrum speciosum*	*Clerodendrum splendens*
科属	马鞭草科大青属	马鞭草科大青属
形态	常绿木质藤本。	常绿木质藤本。
茎	茎缠绕。	枝缠绕。
叶	叶对生，纸质，具柄，卵状椭圆形，全缘，先端渐尖，基部近楔形。	叶对生，纸质，阔卵形，先端钝，基部心形，侧脉明显，全缘。
花	聚伞花序腋生或顶生，花冠红色，花萼粉红色，五角形，顶端渐狭，雌雄蕊细长，突出花冠外。	聚伞花序腋生或顶生，花冠红色，花萼红色，五角形，顶端渐狭，雌雄蕊细长，突出花冠外。
果实	核果。	核果。
花果期	花期春至秋末。	花期春至秋末。
产地	原产非洲。	原产热带亚洲。
区别	① 红萼龙吐珠叶卵状长圆形，先端渐尖，基部近楔形；	红龙吐珠叶阔卵形，先端钝，基部心形。
	② 红萼龙吐珠萼片粉红色，伸出花冠管的雄蕊远较红龙吐珠的长。	红龙吐珠萼片红色。
园林应用	花型奇特，色泽艳丽，观赏性极佳，适合棚架、绿廊、篱垣栽培，也可整形成灌木植于路边、山石边或庭院欣赏。	

红龙吐珠叶阔卵形，先端钝，基部心形

红萼龙吐珠叶卵状长圆形，
先端渐尖，基部近楔形

红萼龙吐珠萼片粉红色

红萼龙吐珠用于拱门绿化

红龙吐珠萼片红色

红萼龙吐珠花特写

红龙吐珠花特写

红萼龙吐珠用于园林绿化

红龙吐珠用于棚架绿化

红龙吐珠用于园林绿化

83. 牵牛花与圆叶牵牛

	牵牛花（喇叭花）	圆叶牵牛（紫花牵牛）
学名	*Ipomoea nil*	*Ipomoea purpurea*
科属	旋花科番薯属	旋花科番薯属
形态	一年生缠绕草本。	一年生缠绕草本。
茎	茎上有毛。	茎上被毛。
叶	叶宽卵形或近圆形，深或浅的3裂，偶5裂，长4～15cm，基部圆，心形，中裂片长圆形或卵圆形，渐尖或骤尖，侧裂片较短，三角形，裂口锐或圆，叶面被柔毛。	叶圆心形或宽卵状心形，长4～18cm，基部圆，心形，顶端锐尖、骤尖或渐尖，通常全缘，偶有3裂，两面被毛。
花	花腋生，花冠漏斗状，蓝紫色或紫红色。	花腋生，花冠漏斗状，紫红色、红色或白色。
果实	蒴果近球形。	蒴果近球形。
花果期	花期6～10月，果期8～12月。	花期6～10月，果期8～12月。
产地	我国除西北和东北的一些省外，大部分地区都有分布。生于海拔100～200（1600）m的山坡灌丛、干燥河谷路边、园边宅旁、山地路边，或为栽培。原产热带美洲。	我国大部分地区有分布，生于平地以至海拔2800m的田边、路边、宅旁或山谷林内，栽培或野生。
区别	牵牛的叶片通常3裂。	圆叶牵牛的叶片通常全缘。
园林应用	习性强健，适合性极强，花美丽可爱，花期长，可用于棚架、栅栏、墙垣等绿化，是园林垂直绿化的好材料，也可盆栽用于阳台、天台绿化。	

牵牛的叶片通常3裂

圆叶牵牛的叶片通常全缘

牵牛花特写

牵牛花用于阳台绿化

圆叶牵牛花特写

84. 黄杨 与 雀舌黄杨

	黄杨（瓜子黄杨）	雀舌黄杨（匙叶黄杨）
学名	*Buxus sinica*	*Buxus bodinieri*
科属	黄杨科黄杨属	黄杨科黄杨属
形态	常绿灌木或小乔木，高1～6m。	常绿灌木，高3～4m。
茎	枝圆柱形，有纵棱，灰白色；小枝四棱形，被短柔毛。	枝圆柱形；小枝四棱形，被短柔毛，后变无毛。
叶	叶革质，阔椭圆形或阔倒卵形，长1.5～3.5cm，先端钝或微凹，叶面光亮，叶背中脉上常密被白色短线状钟乳体。	叶薄革质，通常匙形，亦有狭卵形或倒卵形，大多数中部以上最宽，长2～4cm，先端圆或钝，有浅凹口或小尖凸头，叶面绿色，光亮，叶背苍灰色，中脉两面凸出，叶面中脉下半段大多数被微细毛。
花	花簇生于叶腋或枝端。	花簇生于叶腋或枝端。
果实	蒴果近球形。	蒴果卵形。
花果期	花期3月，果期5～6月。	花期2月，果期5～8月。
产地	产华北和东北，多生于海拔1200～2600m山谷、溪边、林下。	产云南、四川、贵州、广西、广东、江西、浙江、湖北、河南、甘肃、陕西；生于海拔400～2700m平地或山坡林下。
区别	黄杨的叶通常阔椭圆形至长椭圆形，长1.5～3.5cm，宽0.8～2cm。	雀舌黄杨叶形为匙形至倒卵形，长2～4cm，宽8～18mm。
园林应用	树冠紧密，分枝力强，耐修剪，适应范围广，四季常绿，常用于绿篱、树种造型。	

黄杨的叶通常阔椭圆形至长椭圆形，长1.5~3.5cm

雀舌黄杨叶形为匙形至倒卵形，长2~4cm

黄杨的果

黄杨的花

黄杨用于园林绿化

雀舌黄杨叶部特写

黄杨用于园林绿化

雀舌黄杨用于园林绿化

85. 黄栌与毛黄栌

	黄栌	毛黄栌（柔毛黄栌）
学名	*Cotinus coggygria*	*Cotinus coggygria* var. *pubescens*
科属	漆树科黄栌属	漆树科黄栌属
形态	灌木，高3～5m。	灌木，高3～5m。
茎	枝条开展。	枝条开展。
叶	叶倒卵形或卵圆形，长3～8cm，宽2.5～6cm，先端圆形或微凹，基部圆形或阔楔形，全缘，两面或尤其叶背显著被灰色柔毛，侧脉6～11对，先端常叉开；叶柄短。	叶多为阔椭圆形，稀圆形，叶背，尤其沿脉上和叶柄密被柔毛。
花	圆锥花序被柔毛；花杂性，花萼无毛，裂片卵状三角形，花瓣卵形或卵状披针形，无毛。	圆锥花序被柔毛；花杂性，花萼无毛，裂片卵状三角形，花瓣卵形或卵状披针形，无毛。
果实	果肾形。	果肾形。
花果期	花期春季。	花期春季。
产地	产河北、山东、河南、湖北、四川；生于海拔700～1620m的向阳山坡林中。间断分布于东南欧。	产贵州、四川、甘肃、陕西、山西、山东、河南、湖北、江苏、浙江；生于海拔800～1500m的山坡林中。间断分布于欧洲东南部，经叙利亚至高加索地区。
区别	① 黄栌叶倒卵形或卵圆形，先端圆形或微凹，基部圆形或阔楔形，全缘；	毛黄栌叶多为阔椭圆形，稀圆形。
	② 黄栌两面尤其叶背显著被灰色柔毛。	毛黄栌叶背，尤其沿脉上和叶柄密被柔毛。
园林应用	为我国著名的色叶树种，秋季变红，极为美观，黄栌为北京西山红叶的主要树种。适合庭园及风景区等作景观树种。	

黄栌叶倒卵形或卵圆形，先端圆形或微凹，基部圆形或阔楔形，全缘

毛黄栌叶多为阔椭圆形，稀圆形

黄栌用于园林绿化

毛黄栌生境

	钉头果	钝钉头果（唐棉、气球花）
学名	*Gomphocarpus fruticosus*	*Gomphocarpus physocarpus*
科属	萝藦科钉头果属	萝藦科钉头果属
形态	灌木，具乳汁。	灌木，高 1 ~ 2m。
茎	茎具微毛。	嫩茎具短柔毛。
叶	叶线形，长 6 ~ 10cm，宽 5 ~ 8mm，顶端渐尖，基部渐狭而成叶柄，无毛，叶缘反卷；侧脉不明显。	叶片狭披针形，正面疏生短柔毛。
花	聚伞花序生于枝的顶端叶腋间，长 4 ~ 6cm，着花多朵；花萼裂片披针形，外面被微毛，内面有腺体；花蕾圆球状；花冠宽卵圆形或宽椭圆形，反折，被缘毛；副花冠红色兜状；花药顶端具薄膜片；花粉块长圆形，下垂。	聚伞花序生于枝的顶端叶腋间，花冠白色，裂片卵形，反折，副花冠白色。
果实	蓇葖肿胀，卵圆状，端部渐尖而成喙，长 5 ~ 6cm，直径约 3cm，外果皮具软刺，刺长 1cm；种子卵圆形，顶端具白色绢质种毛；种毛长约 3cm。	蓇葖果斜卵球形到近球形，基部偏斜，先端圆形，无喙。
花果期	花期夏季，果期秋季。	花期春夏，果实秋季。
产地	原产地中海，我国有栽培。	原产于非洲。华南、西南有栽培。
区别	钉头果的蓇葖果肿胀，卵圆状，端部渐尖而成喙。	钝钉头果的蓇葖果斜卵球形到近球形，基部偏斜，先端圆形，无喙。
园林应用	钉头果花果奇特，均有较高的观赏价值，目前在华南地区，西南地区栽培较多，可用于庭园绿化，也是插花常用的材料。	

钉头果的蓇葖果肿胀，卵圆状，端部渐尖而成喙

钝钉头果的蓇葖果斜卵球形到近球形，基部偏斜，
先端圆形，无喙

钝钉头果的花

钝钉头果的叶

钝钉头果植株局部

	鸡冠刺桐（美丽刺桐）	龙牙花（珊瑚刺桐）
学名	*Erythrina crista-galli*	*Erythrina corallodendron*
科属	豆科刺桐属	豆科刺桐属
形态	落叶灌木或小乔木。	灌木或小乔木，高3～5m。
茎	茎和叶柄稍具皮刺。	干和枝条散生皮刺。
叶	羽状复叶具3小叶；小叶长卵形或披针状长椭圆形，长7～10cm，宽3～4.5cm，先端钝，基部近圆形。	羽状复叶具3小叶；小叶菱状卵形，长4～10cm，宽2.5～7cm，先端渐尖而钝或尾状，基部宽楔形，两面无毛，有时叶柄上和下面中脉上有刺。
花	总状花序顶生，每节有花1～3朵，花深红色，稍下垂或与花序轴成直角；花萼钟状，先端二浅裂。	总状花序腋生，花深红色，具短梗，与花序轴成直角或稍下弯，狭而近闭合。
果实	荚果长约15cm，褐色，种子间缢缩。	荚果长约10cm，具梗，先端有喙，在种子间收缢。
花果期	花期春季。	花期6～11月。
产地	我国广东、台湾、云南西双版纳有栽培，原产巴西。	广州、桂林、贵阳（花溪）、西双版纳、杭州和台湾等地有栽培。原产南美洲。
区别	① 鸡冠刺桐的小叶卵形、卵状长圆形至长圆状披针形；	龙牙花的小叶宽菱状卵形。
	② 鸡冠刺桐花的龙骨瓣较宽，更显著；	龙牙花花的龙骨瓣较窄。
	③ 鸡冠刺桐的花序远比龙牙花短。	龙牙花的总状花序腋生，长可达30cm以上。
园林应用	树形美观，花形独特，色彩艳丽，为著名的观花树种，常孤植、丛植做风景树观赏。	

鸡冠刺桐的小叶卵形、卵状长圆形至长圆状披针形　　龙牙花的小叶宽菱状卵形

鸡冠刺桐花的龙骨瓣较宽，更显著　　龙牙花的龙骨瓣较窄

鸡冠刺桐的花序远比龙牙花的短　　龙牙花的总状花序腋生，长可达30cm以上

鸡冠刺桐用
于园林绿化

88. 香堇菜与三色堇

	香堇菜（香堇）	三色堇（猫脸）
学名	*Viola odorata*	*Viola tricolor*
科属	堇菜科堇菜属	堇菜科堇菜属
形态	多年生草本，高3～15cm。	一、二年生或多年生草本，高10～40cm。
茎	无地上茎，具匍匐枝。	地上茎较粗，直立或稍倾斜，有棱，单一或多分枝。
叶	叶基生，圆形或肾形至宽卵状心形，开花期叶片较小，长与宽均为1.5～2.5cm，花后叶片渐增大，长宽可达4.5cm，先端圆或稍尖，基部深心形，边缘具圆钝齿，两面被稀疏短柔毛或近无毛。	基生叶叶片长卵形或披针形，具长柄；茎生叶叶片卵形、长圆状圆形或长圆状披针形，先端圆或钝，基部圆，边缘具稀疏的圆齿或钝锯齿。
花	花较小，深紫色、浅紫色、粉红色或白色，有香味，花梗细长。	花大，每茎上有3～10朵，每花有紫、白、黄三色。
果实	蒴果球形。	蒴果椭圆形。
花果期	花期2～4月，果期夏季。	花期4～7月，果期5～8月。
产地	我国各大城市多有栽培，欧洲、非洲北部、亚洲西部有野生种。	我国各地公园栽培供观赏。原产欧洲。
区别	① 香堇菜花朵直径大约1～3cm；	三色堇花4～6cm或更大。
	② 香堇菜花瓣中间一般没有大斑块，只有猫胡须一样的线条；	三色堇花瓣中间有黑、黄、蓝等斑块，目前的一些品种也有纯色。
	③ 香堇菜有淡香。	三色堇没香味。
园林应用	花形独特，色彩丰富，常用于花坛、花境或庭院栽培，也可盆栽用于居室美化。	

香堇菜花朵直径
大约1～3cm

三色堇花4～6cm或更大

香堇菜花瓣中间一般没有大斑
块，只有猫胡须一样的线条

三色堇花瓣中间有黑、
黄、蓝等斑块

香堇菜用于园林绿化

三色堇用于园林绿化

	山牵牛 （大花老鸦嘴、大邓伯花）	桂叶山牵牛 （桂叶老鸦嘴、樟叶老鸦嘴）
学名	*Thunbergia grandiflora*	*Thunbergia laurifolia*
科属	爵床科山牵牛属	爵床科山牵牛属
形态	常绿攀援灌木。	常绿高大藤本。
茎	分枝较多，小枝条主节下有黑色巢状腺体及稀疏长毛。	茎枝近4棱形，具沟状凸起。
叶	单叶对生，卵形、宽卵形至心形，先端急尖至锐尖，有时有短尖头或钝，边缘有2～6个宽三角形裂片，叶面粗糙，背面密被柔毛。通常5～7脉。	叶柄长达3cm，上面的小叶近无柄，具沟状凸起；叶长圆形至长圆状披针形，先端渐尖，具较长的短尖头，基部圆或宽楔形，全缘或具不规则波状齿，近革质，上面及背面的脉及小脉间具泡状凸起，3出脉。
花	花单生叶腋或顶生总状花序，花冠管连同喉白色；冠檐蓝紫色。	总状花序顶生或腋生，花冠管和喉白色，冠檐淡蓝色。
果实	蒴果。	蒴果。
花果期	花期5～11月。	花期春季至秋季。
产地	产广西、广东、海南、福建，生于山地灌丛。印度及中南半岛也有分布。	广东、台湾栽培。分布于中南半岛和马来半岛。
区别	① 山牵牛叶片卵形、宽卵形至心形；	桂叶山牵牛的叶长圆形至长圆状披针形。
	② 花相近，山牵牛花蓝紫色或偏淡。	桂叶山牵牛的花淡蓝色偏深。
园林应用	叶形大型，美观，花朵色彩淡雅，形态优美，枝蔓攀爬，是园林中常见的垂直绿化植物。	

桂叶山牵牛的花淡蓝色偏深

山牵牛花蓝紫色或偏淡

桂叶山牵牛的叶长圆形至长圆状披针形　　　　　　山牵牛叶片卵形、宽卵形至心形

大花老鸦嘴用于园林绿化　　　　　　桂叶山牵牛用于园林绿化

	落羽杉 （落羽杉）	墨西哥落羽杉 （墨西哥落羽松、尖叶落羽杉）
学名	*Taxodium distichum*	*Taxodium mucronatum*
科属	杉科落羽杉属	杉科落羽杉属
形态	落叶乔木，在原产地高达50m，胸径可达2m。	半常绿或常绿乔木，在原产地高达50m，胸径可达4m。
茎	树干尖削度大，干基通常膨大，常有屈膝状的呼吸根；树皮棕色，裂成长条片脱落；枝条水平开展。	树干尖削度大，基部膨大；树皮裂成长条片脱落。
叶	生叶的侧生小枝排成二列。叶条形，扁平，基部扭转在小枝上列成二列，羽状，凋落前变成暗红褐色。	生叶的侧生小枝螺旋状散生，不呈二列。叶条形，扁平，排列紧密，列成二列，呈羽状，通常在一个平面上。
花	雄球花卵圆形，有短梗，在小枝顶端排列成总状花序状或圆锥花序状。	雄球花卵圆形，近无梗，组成圆锥花序状。
果实	球果球形或卵圆形，有短梗，向下斜垂，熟时淡褐黄色。	球果卵圆形。
花果期	花期春季，果10月成熟。	花期春季，果期秋季。
产地	原产北美东南部，耐水湿，能生于排水不良的沼泽地上。我国引种栽培。	原产于墨西哥及美国西南部，生于亚热带温暖地区，耐水湿，多生于排水不良的沼泽地上。我国引种栽培。
区别	① 落羽杉生叶的侧生小枝排成二列。叶条形，扁平，基部扭转在小枝上列成二列； ② 落羽杉在湿地生长时有屈膝状的呼吸根。	墨西哥落羽杉生叶的侧生小枝螺旋状散生，不呈二列。叶条形，扁平，排列紧密，列成二列。 墨西哥落羽杉没有屈膝状的呼吸根。
园林应用	两者习性强健，极耐水湿，是水网地带、湿地造林的良好树种，也常用于公园、绿地、风景区等水岸边种植观赏。	

落羽杉生叶的侧生小枝排成二列。叶条形，扁平，基部扭转在小枝上列成二列

墨西哥落羽杉生叶的侧生小枝螺旋状散生，不呈二列。叶条形，扁平，排列紧密，列成二列

落羽杉在湿地生长时有屈膝状的呼吸根

墨西哥落羽杉没有屈膝状的呼吸根

落羽杉的果

落羽杉用于园林绿化

墨西哥落羽杉用于园林绿化

91. 丝兰 _与 凤尾丝兰

	丝兰	凤尾丝兰（凤尾兰）
学名	*Yucca filamentosa*	*Yucca gloriosa*
科属	龙舌兰科丝兰属	龙舌兰科丝兰属
形态	常绿木本，无主干，似灌木，株高1.5～3.5m。	常绿木本，似灌木状，株高1～2.5m。
茎	茎很短或不明显。	有明显短茎。
叶	叶近莲座状簇生，坚硬，近剑形或长条状披针形，长25～60cm，宽2.5～3cm，顶端具一硬刺，边缘有稍弯曲的丝状纤维。	叶剑形，挺直，长40～80cm，宽5～10cm，顶端坚硬，全缘，老叶边缘时有疏丝。
花	花莛高大而粗壮；花近白色，下垂，排成狭长的圆锥花序，花序轴有乳突状毛。	花下垂，乳白色，长5～10cm；圆锥花序生于茎顶，常可达1m。
果实	蒴果3瓣裂。	蒴果，不开裂。
花果期	秋季开花。	夏秋两次开花。
产地	原产北美东南部，我国偶见栽培供观赏。	产美洲，我国南方有栽培。
区别	① 丝兰无主干；	凤尾丝兰有短茎。
	② 丝兰的叶边缘有稍弯曲的丝状纤维；	凤尾丝兰叶缘几乎没有丝状纤维。
	③ 丝兰的花瓣花开后呈半张开状态，整朵花轮廓呈椭圆形。	凤尾丝兰花瓣呈闭合状态，整朵花轮廓呈近圆形。
园林应用	株形奇特可爱，花序大而洁白；适应性强，园林中常孤植、丛植或列植观赏。	

丝兰无主干

凤尾丝兰有短茎

丝兰的叶边缘有稍弯曲的丝状纤维

凤尾丝兰几乎没有丝状纤维

丝兰的花瓣花开后呈半张开状态，整朵花轮廓呈椭圆形

凤尾丝兰花瓣呈闭合状态，整朵花轮廓呈近圆形

丝兰用于园林绿化

凤尾丝兰用于园林绿化

92. 鸡蛋花与钝叶鸡蛋花

	鸡蛋花（缅栀子）	钝叶鸡蛋花
学名	*Plumeria rubra* 'Acutifolia'	*Plumeria obtusa*
科属	夹竹桃科鸡蛋花属	夹竹桃科鸡蛋花属
形态	落叶小乔木，高约5m。	乔木，株高可达5m。
茎	枝条粗壮，带肉质，具丰富乳汁，绿色，无毛。	小枝淡绿色，肉质。
叶	叶厚纸质，长圆状倒披针形或长椭圆形，顶端短渐尖，基部狭楔形，叶面深绿色，叶背浅绿色，两面无毛。	叶片倒卵形，先端圆形。
花	聚伞花序顶生，花冠外面白色，花冠筒外面及裂片外面左边略带淡红色斑纹，花冠内面黄色，花冠裂片阔倒卵形，基部向左覆盖。	花冠白色，喉部黄色，裂片平展，稍向下弯。
果实	蓇葖双生。	蓇葖。
花果期	花期5~10月，果期7~12月。	花期春夏。
产地	我国广东、广西、云南、福建等省区有栽培，在云南南部山中有逸为野生的。原产墨西哥。	原产地加勒比群岛，南方有栽培。
区别	① 鸡蛋花花冠外面白色，花冠筒外面及裂片外面左边略带淡红色斑纹，花冠内面黄色，花冠裂片阔倒卵形，基部向左覆盖；	钝叶鸡蛋花花冠白色，喉部黄色，裂片平展，稍向下弯。
	② 鸡蛋花的叶顶端短渐尖。	钝叶鸡蛋花叶片倒卵形，先端圆形。
园林应用	鸡蛋花株形美观，花洁白芳香，为著名的芳香树种，常用于庭院栽培观赏，也常用于校园、公园等绿化。	

鸡蛋花花冠外面白色，花冠筒外面及裂片外面左边略带淡红色斑纹，花冠内面黄色

钝叶鸡蛋花花冠白色，喉部黄色，裂片平展，稍向下弯

钝叶鸡蛋花叶片倒卵形，先端圆形

鸡蛋花的叶顶端短渐尖

鸡蛋花用于园林绿化

鸡蛋花冬态

	幌伞枫（晃伞枫、幌伞树）	菜豆树（豆角树、豇豆树）
学名	*Heteropanax fragrans*	*Radermachera sinica*
科属	五加科幌伞枫属	紫葳科菜豆树属
形态	常绿乔木，高5～30m，树皮淡灰棕色。	小乔木，高达10m。
茎	枝无刺。	枝条开展。
叶	叶大，三至五回羽状复叶；小叶片在羽片轴上对生，纸质，椭圆形，长5.5～13cm，宽3.5～6cm，先端短尖，基部楔形，边缘全缘。	2回羽状复叶，稀为3回羽状复叶，小叶卵形至卵状披针形，长4～7cm，宽2～3.5cm，顶端尾状渐尖，基部阔楔形，全缘，向上斜伸。
花	圆锥花序顶生，花淡黄白色，芳香。	顶生圆锥花序，花冠钟状漏斗形，白色至淡黄色。
果实	果实卵球形。	蒴果细长，下垂，圆柱形，稍弯曲，长达85cm，径约1cm。
花果期	花期10～12月，果期次年2～3月。	花期5～9月，果期10～12月。
产地	分布于云南、广西、广东。生于海拔数十米至1000m森林中。印度、不丹、孟加拉国、缅甸和印度尼西亚亦有分布。	产台湾、广东、广西、贵州、云南各省。生于海拔340～750m山谷或平地疏林中，亦见于不丹。
区别	两者成株时较易区别，在幼树期较难区分，两者主要区别如下：	
	① 幌伞枫的叶三至五回羽状复叶，多集生在树干顶部，小叶长5.5～13cm；	菜豆树的叶2回羽状复叶，稀为3回羽状复叶，小叶长4～7cm，分布于树干的中上部。幌伞枫的小叶比菜豆树大近一倍。
	② 幌伞枫圆锥花序顶生，花小，淡黄白色。	菜豆树顶生圆锥花序，花冠钟状漏斗形，白色至淡黄色。
园林应用	树形高大、挺拔，叶形美观，园林中常用做风景树、行道树等，盆栽常用于厅堂及室内美化。	

菜豆树的叶2回羽状复叶，稀为3回羽状复叶，小叶长4～7cm，分布于树干的中上部

幌伞枫的叶三至五回羽状复叶，多集生在树干顶部，小叶长5.5～13cm

菜豆树顶生圆锥花序，花冠钟状漏斗形，白色至淡黄色

幌伞枫花小，淡黄白色

幌伞枫圆锥花序顶生

菜豆树的叶

幌伞枫的叶

菜豆树用于园林绿化

幌伞枫用于园林绿化

	蕉芋（姜芋）	美人蕉
学名	*Canna indica* 'Edulis'	*Canna indica*
科属	美人蕉科美人蕉属	美人蕉科美人蕉属
形态	多年生草本，高可达3m。	多年生草本，高可达1.5m。
茎	根茎发达，多分枝，块状。	植株全部绿色。
叶	叶片长圆形或卵状长圆形，长30～60cm，宽10～20cm，叶面绿色，边绿或背面紫色，叶鞘边缘紫色。	叶片卵状长圆形，长10～30cm，宽达10cm。
花	总状花序单生或分叉，少花，花单生或2朵聚生，小苞片淡紫色；萼片淡绿而染紫；花冠管杏黄色，花冠裂片杏黄而顶端染紫红；唇瓣披针形，上部红色，基部杏黄。	总状花序疏花；略超出于叶片之上；花红色，单生；苞片绿色，萼片绿色而有时染红；花冠裂片红色；外轮退化雄蕊3～2枚，鲜红色，唇瓣披针形。
果实	蒴果绿色并稍染紫色，长卵形，有软刺。	蒴果绿色，长卵形，有软刺。
花果期	9～10月。	3～12月。
产地	我国南部及西南部有栽培。原产西印度群岛和南美洲。	我国南北各地常有栽培。原产印度。
区别	① 蕉芋的花萼片淡绿而染紫，花冠管杏黄色，花冠裂片杏黄而顶端染紫红，唇瓣披针形，上部红色，基部杏黄；	美人蕉萼片绿色而有时染红；花冠裂片红色，唇瓣披针形。
	② 蕉芋的叶片、花茎等带紫色。	美人蕉全绿。
园林应用	两者花均较小，叶大美观，可用于观叶，适合公园、绿地等园路边、墙隅一角、山石边栽培观赏。	

蕉芋的花萼片淡绿而染紫，花冠管杏黄色，花冠裂片杏黄而顶端染紫红；唇瓣披针形，上部红色，基部杏黄

美人蕉萼片绿色而有时染红；花冠裂片红色，唇瓣披针形

蕉芋的叶片、花茎带紫色

美人蕉全绿

蕉芋的蒴果

美人蕉的蒴果

蕉芋用于园林绿化

美人蕉用于园林绿化

	羽扇豆（小花羽扇豆）	多叶羽扇豆
学名	*Lupinus micranthus*	*Lupinus polyphyllus*
科属	豆科羽扇豆属	豆科羽扇豆属
形态	一年生草本，高20～70cm。	多年生草本，高50～100cm。
茎	茎直立，基部分枝，全株被棕色或锈色硬毛。	茎直立，分枝成丛，全株无毛或上部被稀疏柔毛。
叶	掌状复叶，小叶5～8枚，倒卵形、倒披针形至匙形，先端钝或锐尖，具短尖，基部渐狭，两面均被硬毛。	掌状复叶，小叶(5)9～15(18)枚，椭圆状倒披针形，先端钝圆至锐尖，基部狭楔形，上面通常无毛，下面多少被贴伏毛。
花	总状花序顶生，长不超出复叶，萼二唇形，被硬毛，下唇长于上唇，下唇具3深裂片，上唇较浅，蓝色。	总状花序远长于复叶，花萼二唇形，密被贴伏绢毛，上唇较短，具双齿尖，下唇全缘；花冠蓝色至堇青色。
果实	荚果长圆状线形。	荚果长圆形。
花果期	花期3～5月，果期4～7月。	花期6～8月，果期7～10月。
产地	原产地中海区域。我国有栽培。	原产美国西部。生于河岸、草地和潮湿林地。我国见于栽培。
区别	① 羽扇豆全株被棕色或锈色硬毛，小叶5～8枚，两面均被硬毛；	多叶羽扇豆全株无毛或上部被稀疏柔毛，小叶(5)9～15(18)枚，上面通常无毛，下面多少被贴伏毛。
	② 羽扇豆的花序较短。	多叶羽扇豆的花序远长于复叶，花多而稠密。
园林应用	叶形秀丽、花序美观，色彩鲜艳，形态可爱，常布置于花坛、花境或草地上丛植观赏，也可盆栽或作切花。	

羽扇豆全株被棕色或锈色硬毛,小叶5~8枚,两面均被硬毛

多叶羽扇豆全株无毛或上部被稀疏柔毛,小叶 (5) 9~15 (18) 枚

羽扇豆的花序较短

多叶羽扇豆的花序远长于复叶,花多而稠密

羽扇豆用于园林绿化

多叶羽扇豆用于园林绿化

96. 辣木与象腿树

	辣木	象腿树
学名	*Moringa oleifera*	*Moringa drouhardii*
科属	辣木科辣木属	辣木科辣木属
形态	乔木，高3~12m，树皮软木质。	常绿乔木，株高可达10m。
茎	枝有明显的皮孔及叶痕，小枝有短柔毛，根有辛辣味。	茎粗，主干明显，质软，多分枝。
叶	叶通常为3回羽状复叶，长25~60cm，羽片4~6对；小叶3~9片，薄纸质，卵形、椭圆形或长圆形，通常顶端的1片较大。	羽状复叶，对生，小叶细小，椭圆形镰刀状。
花	花序广展，苞片小，线形；花白色，芳香，花瓣匙形。	花黄色，组成圆锥花序。
果实	蒴果细长，下垂，3瓣裂。	蒴果。
花果期	花期全年，果期6~12月。	夏秋季。
产地	原产印度，现广植于各热带地区。	原产马达加斯加南部，现广为栽培。
区别	① 辣木叶通常为3回羽状复叶，羽片4~6对；小叶3~9片，通常顶端的1片较大；	象腿树羽状复叶，对生，小叶细小，椭圆形镰刀状。
	② 辣木花大，稀疏，花瓣白色，下部花瓣反卷。	象腿树花密集，花相对较小，花黄色。
园林应用	两者枝叶美观，花素雅，为引进树种，在广东、云南、海南等地常见栽培，适合用于社区、公园、风景区等绿化做行道树或风景树。	

辣木叶通常为3回羽状复叶，羽片
~6对；小叶3~9片，通常顶端的1
片较大

象腿树羽状复叶，对生，小叶细
小，椭圆形镰刀状

辣木花大，稀疏，花瓣白色，
下部花瓣反卷

辣木的花

象腿树花密集，花
相对较小，花黄色

辣木的果

象腿树的果

象腿树

辣木用于园林绿化

象腿树用于园林绿化

	雨久花	鸭舌草
学名	*Monochoria korsakowii*	*Monochoria vaginalis*
科属	雨久花科雨久花属	雨久花科雨久花属
形态	直立水生草本，高30～70cm。	水生草本。
茎	茎直立，基部有时带紫红色。	根状茎极短，茎直立或斜上。
叶	基生叶宽卵状心形，长4～10cm，宽3～8cm，顶端急尖或渐尖，基部心形，全缘，叶柄长达30cm，有时膨大成囊状；茎生叶叶柄渐短，基部增大成鞘，抱茎。	叶基生和茎生；叶片形状和大小变化较大，由心状宽卵形、长卵形至披针形，长2～7cm，宽0.8～5cm，顶端短突尖或渐尖，基部圆形或浅心形，全缘，顶端有舌状体。
花	总状花序顶生，花10余朵，蓝色。	总状花序，花通常3～5朵（稀有10余朵），蓝色。
果实	蒴果。	蒴果。
花果期	花期7～8月，果期9～10月。	花期8～9月，果期9～10月。
产地	产东北、华北、华中、华东和华南，生于池塘、湖沼靠岸的浅水处和稻田中。朝鲜、日本、俄罗斯西伯利亚地区也有分布。	产我国南北各省区。生于平原至海拔1500m的稻田、沟旁、浅水池塘等水湿处。日本、马来西亚、菲律宾、印度、尼泊尔、不丹也有分布。
区别	① 雨久花的叶卵状心形或宽心形，基部圆钝，比鸭舌草叶大。	鸭舌草的叶变化较大，心状宽卵形、长卵形至披针形。
	② 雨久花的花序有花10余朵。	鸭舌草的花序有花3～5朵。
园林应用	叶形秀丽，花色淡雅，是园林中常见的水生植物，适合布置公园、绿地或庭院的水体，多片植观赏。	

雨久花的叶卵状心形或宽心形，较鸭舌草大

鸭舌草的叶变化较大，心状宽卵形、长卵形至披针形

雨久花的花序有花10余朵

鸭舌草的花序有花3~5朵

雨久花用于水体绿化

野生的鸭舌草群落

	红粉扑花 （粉扑花、凹叶红合欢）	苏里南朱缨花 （苏里南合欢）
学名 科属	*Calliandrate rgemina* var. *emarginate* 豆科朱缨花属	*Calliandra surinamensis* 豆科朱缨花属
形态	落叶灌木。	灌木或小乔木，株高2～3m。
茎	分枝较多。	枝条开展。
叶	二回羽状复叶，羽片一对，小叶一对，小叶歪椭圆形至肾形。	二回羽状复叶，羽片一对，小叶8～12对，小叶线状披针形，先端锐尖，基部钝略歪斜。
花	花自叶腋处生出，头状花序，花瓣小不显著，雄蕊多数，红色，聚合成球状，雄蕊管白色。	头状花序单生，腋生，花冠漏斗形，5裂，雄蕊多数，下部白色，上部粉红色，雄蕊伸出花冠外雄蕊管，白色。
果实	荚果。	荚果线形。
花果期	几乎全年可见花。	花期由春至秋，果期秋至冬。
产地	墨西哥至危地马拉。	原产苏里南岛。
区别	① 红粉扑花的小叶1对，歪椭圆形至肾形；	苏里南朱缨花的小叶8～12对，线状披针形。
	② 红粉扑花的雄蕊管白色，极短，约为花蕊长的五分之一；	苏里南朱缨花雄蕊管白色，长约为花蕊的一半。
	③ 红粉扑花花丝红色。	苏里南朱缨花花丝下面白色，上面粉红色。
园林 应用	两者花型奇特美丽，花期长，为优良的观花树种，适合公园、绿地、社区、庭院等植于路边、墙垣边或山石旁观赏。	

红粉扑花二回羽状复叶，羽片1对，
小叶1对，歪椭圆形至肾形

苏里南朱缨花二回羽状复叶，羽片1对，小
叶8～12对，小叶线状披针形

红粉扑花的雄蕊管白色，极短，约为花蕊长五分之一

苏里南朱缨花花丝下面白色，上面粉红色

红粉扑花花丝红色

红粉扑花盛花期

苏里南朱缨花雄蕊管白色，
长约为花蕊的一半

红粉扑花用于园林绿化

苏里南朱缨花用于园林绿化

	米仔兰 （树兰、鱼子兰）	小叶米仔兰 （树兰、鱼子兰、四季米仔兰）
学名	*Aglaia odorata*	*Aglaia odorata* var. *microphyllina*
科属	楝科米仔兰属	楝科米仔兰属
形态	灌木或小乔木	灌木或小乔木
茎	茎多小枝，幼枝顶部被星状锈色的鳞片。	茎多小枝，幼枝顶部被星状锈色的鳞片。
叶	叶长5～12(16)cm，有小叶3～5片；小叶对生，厚纸质，长2～7(11)cm，宽1～3.5(5)cm，顶端1片最大，先端钝，基部楔形。	叶长5～12（16）cm，具小叶5～7枚，间有9枚；小叶对生，厚纸质，狭长椭圆形或狭倒披针状长椭圆形，长在4cm以下。
花	圆锥花序腋生，花芳香，花瓣5，黄色，长圆形或近圆形。	圆锥花序腋生，花芳香，花瓣5，黄色，长圆形或近圆形。
果实	果为浆果，卵形或近球形。	果为浆果，卵形或近球形。
花果期	花期5～12月，果期7月至翌年3月。	花期5～12月，果期7月至翌年3月。
产地	产广东、广西；常生于低海拔山地的疏林或灌木林中。分布于东南亚各国。	产海南，生于低海拔山地的疏林或灌木林中。我国南方各省区有栽培。
区别	米仔兰小叶3～5片，小叶长可达2～7(11)cm。	小叶米仔兰具小叶5～7枚，间有9枚，叶长在4cm以下。
园林应用	米仔兰属植物花芳香，为著名芳香植物，在我国南北均有栽培，除盆栽外，可用于园林绿化，适合植于园路边、池边、庭前、办公室前、校园等地观赏。	

米仔兰小叶3~5片，小叶长
可达2~7（11）cm

小叶米仔兰具小叶5~7枚，
间有9枚，叶长在4cm以下

米仔兰小叶3~5片，小叶长
可达2~7（11）cm

米仔兰的花

米仔兰的果

小叶米仔兰的果

小叶米仔兰的花

小叶米仔兰用于园林绿化

	浮萍（小浮萍）	紫萍（紫背萍）
学名	*Lemna minor*	*Spirodela polyrhiza*
科属	浮萍科浮萍属	浮萍科紫萍属
形态	漂浮植物。	漂浮植物。
叶	叶状体对称，表面绿色，背面浅黄色或绿白色或常为紫色，近圆形，倒卵形或倒卵状椭圆形，全缘，长1.5～5mm，宽2～3mm。背面垂生丝状根1条，白色，长3～4cm。	叶状体扁平，表面绿色，背面紫色，阔倒卵形，长5～8mm，宽4～6mm，先端钝圆。背面中央生5～11条根，根长3～5cm，白绿色。
花	雌花具弯生胚珠1枚。	花未见，据记载，肉穗花序有2个雄花和1个雌花。
果实	果实无翅，近陀螺状，种子具凸出的胚乳，并具12～15条纵肋。	不详。
花果期	不详。	未知。
产地	我国产南北各省，生于水田、池沼或其他静水水域。全球温暖地区广布。	全球各温带及热带地区广布。我国产南北各地，生于水田、水塘、湖湾、水沟。
区别	① 浮萍的根只1条；	紫萍的根5～11条，多数。
	② 浮萍叶状体较小，对称，背面浅黄色或绿白色。	紫萍叶状体扁平，阔倒卵形，背面紫色。
园林应用	浮萍与紫萍常混生，形成密布水面的漂浮植物景观。	

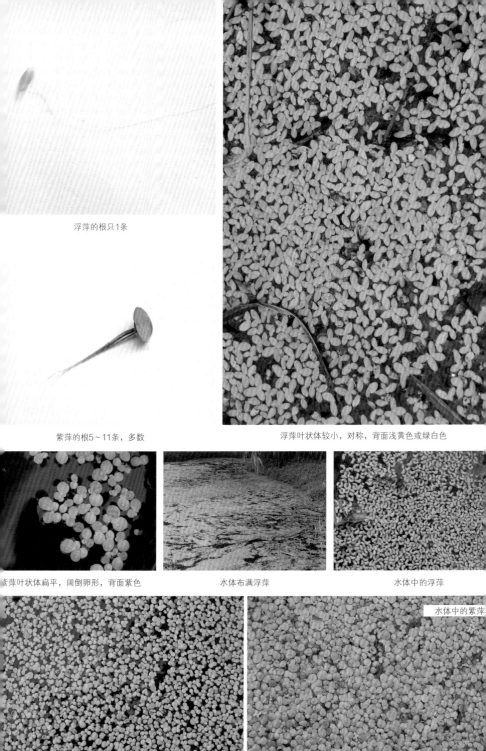

浮萍的根只1条

紫萍的根5～11条，多数

浮萍叶状体较小，对称，背面浅黄色或绿白色

紫萍叶状体扁平，阔倒卵形，背面紫色

水体布满浮萍

水体中的浮萍

水体中的紫萍

	南瓜（倭瓜、番瓜）	笋瓜（北瓜、搅丝瓜）
学名	*Cucurbita moschata*	*Cucurbita maxima*
科属	葫芦科南瓜属	葫芦科南瓜属
形态	一年生蔓生草本。	一年生粗壮蔓生藤本。
茎	茎常节部生根，伸长达2～5m，密被白色短刚毛。	茎粗壮，圆柱状，具白色的短刚毛。
叶	叶片宽卵形或卵圆形，有5角或5浅裂，稀钝，中间裂片较大，三角形，上面密被黄白色刚毛和茸毛，常有白斑，叶脉隆起，各裂片之中脉常延伸至顶端，成一小尖头，背面色较淡。	叶片肾形或圆肾形，近全缘或仅具细锯齿，顶端钝圆，基部心形，弯缺开张，叶面深绿色，叶背浅绿色，两面有短刚毛，叶脉在背面明显隆起。
花	雌雄同株。雄花单生，花冠黄色，钟状。雌花单生，黄色。	雌雄同株。雄花单生，花冠筒状，5中裂，裂片卵圆形。雌花单生。
果实	果梗粗壮，有棱和槽，瓜蒂扩大成喇叭状；瓠果形状多样，因品种而异，外面常有数条纵沟或无。	果梗短，圆柱状，不具棱和槽，瓜蒂不扩大或稍膨大；瓠果的形状和颜色因品种而异。
花果期	花果期因各地栽培时间而异。	花果期因各地栽培时间而异。
产地	原产墨西哥到中美洲一带，明代传入我国，现南北各地广泛种植。	原产印度，我国南、北各地普遍有栽培。
区别	南瓜的果梗明显扩大成喇叭状。	笋瓜的果梗不扩大或稍膨大，呈圆柱形。
园林应用	南瓜与笋瓜为著名的蔬菜，在我国广泛栽培，近年来，二者也常用于园林造景，多用于瓜果园、科普园等，多成片种植观赏。	

南瓜的果梗明显扩大成喇叭状

笋瓜的果梗不扩大或稍膨大

南瓜的花

笋瓜的果

笋瓜的应用

	鹅掌楸（马褂木）	北美鹅掌楸（北美马褂木）
学名	*Liriodendron chinense*	*Liriodendron tulipifera*
科属	木兰科鹅掌楸属	木兰科鹅掌楸属
形态	乔木，高达40m，胸径1m以上。	乔木，原产地高可达60m，胸径3.5m。
茎	小枝灰色或灰褐色。	小枝褐色或紫褐色，常带白粉。
叶	叶马褂状，近基部每边具1侧裂片，先端具2浅裂，下面苍白色。	叶片近基部每边具2侧裂片，先端2浅裂。
花	花杯状，花被片9，外轮3片绿色，萼片状，向外弯垂，内两轮6片、直立，花瓣状、倒卵形，绿色，具黄色纵条纹。	花杯状，花被片9，外轮3片绿色，萼片状，向外弯垂，内两轮6片，直立，花瓣状，卵形，近基部有一不规则的黄色带。
果实	聚合果。	聚合果长约7cm，具翅的小坚果淡褐色，长约5mm，顶端急尖，下部的小坚果常宿存过冬。
花果期	花期5月，果期9~10月。	花期5月，果期9~10月。
产地	产于陕西、华中、华东、华南。生于海拔900~1000m的山地林中。越南北部也有分布。	原产北美东南部。
区别	①鹅掌楸叶近基部每边具1侧裂片； ②鹅掌楸内轮花被片具黄色纵条纹。	美鹅掌楸叶片近基部每边具2侧裂片。 美鹅掌楸内轮花被片具不规则的黄色带。
园林应用	二者花叶有较高的观赏价值，为北半球重要材用及观赏树种。其树干挺直，冠形优美，叶形奇特，花大，多用作行道树及庭荫树。	

鹅掌楸叶近基部每边具1侧裂片　　　　　　　　北美鹅掌楸叶片近基部每边具2侧裂片

鹅掌楸内轮花被片具黄色纵条纹　　　　　　　　北美鹅掌楸内轮花被片具不规则的黄色带

鹅掌楸用于园林绿化　　　　　　　　　　　　　北美鹅掌楸用于园林绿化

	黄金菊	梳黄菊
学名	*Euryops chrysanthemoides×speciosissimus*	*Euryops pectinatus*
科属	菊科常绿千里光属	菊科常绿千里光属
形态	一年生草本或亚灌木，株高30～50cm。	一年生草本或亚灌木，株高30～50cm。
叶	叶片长椭圆形，羽状分裂，裂片披针形，全缘，绿色。	叶片长椭圆形，羽状分裂，裂片披针形，全缘，上面密布白色茸毛。
花	花茎光滑，头状花序，舌状花及管状花均为金黄色。	花茎密布白色绒毛，头状花序，舌状花及管状花均为金黄色。
果实	瘦果。	瘦果。
花果期	花期春至夏。	花期春至夏。
产地	园艺种。	产南非。
区别	黄金菊的花梗及叶片光滑无毛。	梳黄菊花梗及叶片上布满白色绵毛。
园林应用	二者花色金黄，花期极长，为优良观花植物，适于花境、花坛绿化，也可用作地被植物，盆栽用于阳台、客厅等栽培观赏。	

黄金菊的花茎及叶片光滑无毛　　　　　　　梳黄菊花茎及叶片上布满白色绵毛

黄金菊的花　　　　　　　　　　　　　　梳黄菊的花

黄金菊用于园林绿化　　　　　　　　　　　　　　梳黄菊用于园林绿化

104. 紫背金盘 与 金疮小草

	紫背金盘（白毛夏枯草）	金疮小草（青鱼胆草）
学名	*Ajuga nipponensis*	*Ajuga decumbens*
科属	唇形科筋骨草属	唇形科筋骨草属
形态	一二年生草本，株高10～20cm或以上。	一二年生草本。
茎	茎常直立，被长柔毛或疏柔毛，四棱形，基部紫色。	具匍匐茎，茎长10～20cm，被白色长柔毛或绵状长柔毛，老茎有时呈紫绿色。
叶	单叶对生，纸质，阔椭圆形或卵状椭圆形，长2～4.5cm，宽1.5～2.5cm，先端钝，基部楔形，下延，边缘具不整齐的波状圆齿，两面被疏糙伏毛或疏柔毛，下部茎叶背面常带紫色。	基生叶较多，较茎生叶长而大，呈紫绿色或浅绿色，被长柔毛；茎生叶对生，薄纸质，匙形或倒卵状披针形，长3～6cm，宽1.5～2.5cm，先端钝至圆形，基部渐狭，下延，边缘具不整齐的波状圆齿或全缘，具缘毛，两面被疏糙伏毛或疏柔毛。
花	顶生穗状花序，淡蓝色或蓝紫色。花冠二唇形，上唇短，直立，2裂或微缺，下唇伸长，3裂。	穗状花序，淡蓝色或淡红紫色，稀白色；冠檐二唇形，上唇短，直立，圆形，顶端微缺，下唇宽大，伸长，3裂。
果实	小坚果卵状三棱形，背部具网状皱纹，腹部有果脐。	小坚果倒卵状三棱形，背部具网状皱纹，腹部有果脐。
花果期	花期在我国东部为4～6月，西南部为12月至翌年3月，果期前者为5～7月，后者为1～5月。	花期3～7月，果期5～11月。
产地	产我国东部、南部及西南各省区。日本，朝鲜也有。	产长江以南各省区，生于溪边、路旁及湿润的草坡上，海拔360～1400m。朝鲜，日本也有。
区别	①紫背金盘茎常直立；②紫背金盘叶少基生。	金疮小草具匍匐茎，节上有不定根。金疮小草基生叶多。
园林应用	花色素雅，可作为地被植物丛植或群植用于路缘、水岸边，更多见于中草药园或野外。	

紫背金盘茎常直立

金疮小草具匍匐茎，节上有不定根

紫背金盘叶少基生

金疮小草基生叶多

紫背金盘用于园林绿化

野生的金疮小草

	牵牛（喇叭花）	变色牵牛
学名	*Ipomoea nil*	*Ipomoea indica*
科属	旋花科番薯属	旋花科番薯属
形态	一年生缠绕草本。	一年生缠绕草本。
茎	茎上被倒向的短柔毛或开展的长硬毛。	茎上被柔软的疏柔毛或绢毛。
叶	单叶互生，宽卵形或近圆形，深或浅的3裂，偶5裂，长4～15cm，基部心形，叶面被微硬的柔毛。	单叶互生，卵形或圆形，全缘或3裂，长5～15cm，基部心形，叶背密被灰白色短而柔软贴伏的毛，叶面毛较少。
花	花腋生，1或2朵着生于花序梗顶，花序梗常短于叶柄，萼片外面被开展的刚毛；花冠漏斗状，蓝紫色或紫红色。	聚伞花序，花序梗长于叶柄，萼片外面被贴伏的柔毛；花冠漏斗状，蓝紫色，以后变红紫色或红色。
果实	蒴果近球形。	蒴果近球形。
花果期	花期6～10月。	花期夏秋季。
产地	原产热带美洲，现已广植于热带和亚热带地区。我国除西北和东北的一些省外，大部分地区都有分布。	产我国台湾、广东东沙群岛及其他沿海岛屿，广州亦有栽培。原产南美洲，泛热带分布。
区别	①牵牛茎、叶以至萼片具硬毛或刚毛；	变色牵牛茎、叶和萼片具疏柔毛或绢毛。
	②牵牛花冠蓝紫色或紫红色，花序梗通常比叶柄短。	变色牵牛花冠蓝紫色，后期变红紫色或红色，花序梗通常比叶柄长。
园林应用	攀缘能力强，可用于栏杆、廊架、花架、假山等的垂直绿化，也可盆栽用于室内的垂吊观赏。	

牵牛茎、叶以至萼片具硬毛或刚毛

变色牵牛茎、叶和萼片具疏柔毛或绢毛

牵牛花冠蓝紫色或紫红色，花序梗通常比叶柄短

变色牵牛花冠蓝紫色，后期变红紫色或红色，花序梗通常比叶柄长

牵牛的花

变色牵牛的花

106. 白蟾与狗牙花

	白蟾	狗牙花（豆腐花）
学名	*Gardenia jasminoides* var. *fortuniana*	*Tabernaemontana divaricata* 'Gouyahua'
科属	茜草科栀子属	夹竹桃科狗牙花属
形态	常绿灌木，高0.3～3m。	常绿灌木，高可达3m。
茎	枝圆柱形，灰色。	枝灰绿色，有皮孔。
叶	单叶对生或3枚轮生，革质，倒卵状长圆形、倒卵形或椭圆形，长3～25cm，宽1.5～8cm，顶端渐尖或短尖而钝，基部楔形，全缘，表面光亮。	单叶对生，薄革质，椭圆形或椭圆状长圆形，短渐尖，基部楔形，全缘，深绿色，表面光亮，有乳汁。
花	花芳香，单生于枝顶，白色或乳黄色，高脚碟形，重瓣。	聚伞花序腋生，通常双生，花冠白色，重瓣，高脚碟状。
果实	浆果卵形，黄色或橙红色。	蓇葖果。
花果期	花期3～7月，果期5月至翌年2月。	花期5～11月，果期秋季。
产地	原产于我国和日本。	我国云南有野生，南方地区有栽培。印度也有。
区别	①白蟾单叶对生或3枚轮生，无乳汁；②白蟾花单生枝顶，花冠裂片边缘无皱褶，白色或乳黄色。	狗牙花单叶对生，有乳汁。狗牙花聚伞花序腋生，花冠裂片边缘有皱褶，白色。
园林应用	花洁白，具芳香，为常见香花植物。可孤植、对植、丛植、列植或群植于花坛、花境、路缘、入口两侧、山石旁、水岸边、林下、道路分隔带等处，也可用作绿篱。	

白蟾单叶对生或3枚轮生，无乳汁　　　　　　　　狗牙花单叶对生，有乳汁

白蟾花单生枝顶，花冠裂片边缘无皱褶，白色或乳黄色　　狗牙花聚伞花序腋生，花冠裂片边缘有皱褶，白色

白蟾用于园林绿化　　　　　　　　　　　　狗牙花用于园林绿化

	青木（东瀛珊瑚）	桃叶珊瑚
学名	*Aucuba japonica*	*Aucuba chinensis*
科属	山茱萸科桃叶珊瑚属	山茱萸科桃叶珊瑚属
形态	常绿灌木，高约3m。	常绿小乔木或灌木，高3~6（12）m。
茎	枝、叶对生。	小枝粗壮，二歧分枝，绿色，光滑。
叶	叶革质，长椭圆形、卵状长椭圆形，稀阔披针形，长8~20cm，宽5~12cm，先端渐尖，基部近于圆形或阔楔形，边缘上段具2~6对疏锯齿或近于全缘。	叶革质，椭圆形或阔椭圆形，稀倒卵状椭圆形，长10~20cm，宽3.5~8cm，先端锐尖或钝尖，基部阔楔形或楔形，常具5~8对锯齿或腺状齿，有时为粗锯齿。
花	圆锥花序顶生，雄花序花瓣近于卵形或卵状披针形，暗紫色。雌花序长1~3cm，小花具2枚小苞片。	圆锥花序顶生，雄花常为绿色，少有紫红色，长圆形或卵形。雌花序较雄花序短，花萼及花瓣近于雄花。
果实	果卵圆形，鲜红色，暗紫色或黑色。	幼果绿色，成熟为鲜红色，圆柱状或卵状。
花果期	花期3~4月，果期至翌年4月。	花期1~2月；果熟期达翌年2月，常与一二年生果序同存于枝上。
产地	产浙江南部，日本、朝鲜也有。	产福建、台湾、广东、海南、广西等省区。常生于海拔1000m以下的常绿阔叶林中。
区别	①花暗紫色；	花常为绿色。
	②叶边缘上段具2~6对疏锯齿或近于全缘；	叶常具5~8对锯齿或腺状齿，有时为粗锯齿。
	③成熟果实鲜红色，圆柱状或卵状。	成熟果实鲜红色，圆柱状或卵状。
园林应用	四季常青，果实艳丽，为著名观果花卉。适合做绿篱、地被，也可绿化列植或孤植于草地、庭前、路边。	

青木的花暗紫色

桃叶珊瑚的花常为绿色

青木叶边缘上段具2~6对疏锯齿或近于全缘

桃叶珊瑚的叶常具5~8对锯齿或腺状齿，有时为粗锯齿

青木的成熟果实鲜红色，圆柱状或卵状

桃叶珊瑚的成熟果实鲜红色，圆柱状或卵状

	棕竹（筋头竹、观音竹）	多裂棕竹（多裂叶棕竹、金山棕）
学名	*Rhapis excelsa*	*Rhapis multifida*
科属	棕榈科棕竹属	棕榈科棕竹属
形态	常绿丛生灌木，高2～3m。	常绿丛生灌木，高2～3m。
茎	茎圆柱形，有节，上部具黑色粗糙而硬的网状纤维。	茎圆柱形，上部具黑色粗糙而硬的网状纤维。
叶	叶掌状深裂，裂片4～10片，长20～32cm或更长，宽1.5～5cm，宽线形或线状椭圆形；先端宽，截状而具多对稍深裂的小裂片，边缘及肋脉上具稍锐利锯齿。	叶掌状深裂，裂片16～20片，线状披针形，每裂片长28～36cm，宽1.5～1.8cm，边缘及中脉具细锯齿。
花	肉穗花序。	肉穗花序，二回分枝。
果实	果实球形。	果球形。
花果期	花期4～5月，果期10～12月。	花期春季，果期11月至次年4月。
产地	产我国南部至西南部。日本也有分布。	产我国广西西部及云南东南部，现广为栽培。
区别	棕竹裂片4～10片，宽线形或线状椭圆形。	多裂棕竹具裂片16～20片，线状披针形。
园林应用	株形挺拔，叶形秀丽，四季常青。可孤植、对植、列植、丛植用于花坛、花境、入口两侧、路缘、林缘、角隅、山石旁等处，也可盆栽室内观赏。	

棕竹裂片4~10片，宽线形或线状椭圆形

多裂棕竹具裂片16~20片，线状披针形

棕竹的花

多裂棕竹的花序

棕竹用于园林绿化

多裂棕竹用于园林绿化

	乌桕 (腊子树)	山乌桕 (红心乌桕)
学名	*Triadica sebifera*	*Triadica cochinchinensis*
科属	大戟科乌桕属	大戟科乌桕属
形态	落叶乔木，高可达15m。	落叶乔木，高可达12m。
茎	树皮暗灰色，有纵裂纹，枝上有皮孔。具乳汁。	树皮暗灰色，枝上有皮孔。具乳汁。
叶	单叶互生，纸质，菱状卵形，长3～8cm，宽3～9cm，顶端长尾尖，基部阔楔形或钝，全缘；叶柄纤细，长2～6cm，顶端有2腺体。	叶嫩时淡红色；单叶互生，纸质，椭圆形或长卵形，长4～10cm，宽2.5～5cm，顶端钝或短渐尖，基部短狭或楔形；背面粉绿色，近缘常有数个圆形腺体；叶柄长2～7.5cm，顶端具2腺体。
花	雌雄同株，总状花序顶生，雌花生于花序轴下部，雄花生于花序轴上部。花小，黄绿色。	雌雄同株，总状花序顶生，雌花生于花序轴下部，雄花生于花序轴上部。花小，黄绿色。
果实	蒴果梨状球形，成熟时黑色。	蒴果梨状球形，成熟时黑色。
花果期	花期4～8月，果期8～11月。	花期4～6月，果期8～9月。
产地	分布于黄河以南各省区，北达陕西、甘肃。日本、越南、印度也有分布。	分布于我国华南、西南及华东地区；印度尼西亚也有。
区别	①乌桕叶菱状卵形，顶端长尾尖；	山乌桕叶椭圆形或长卵形，顶端钝或短渐尖。
	②乌桕花序下垂。	山乌桕花序直立。
园林应用	叶形独特，叶色秋季先变黄，后变红，是著名的秋色叶树种。可孤植、对植、列植或丛植作园景树、孤赏树、庭荫树或行道树。	

乌桕叶菱状卵形，顶端长尾尖

山乌桕叶椭圆形或长卵形，顶端钝或短渐尖

乌桕花序下垂

乌桕用于园林绿化

山乌桕花序直立

野生的山乌桕

110. 虞美人 与 鬼罂粟

	虞美人（丽春花）	鬼罂粟（东方罂粟）
学名	*Papaver rhoeas*	*Papaver orientale*
科属	罂粟科罂粟属	罂粟科罂粟属
形态	一年生草本，全株被伸展的刚毛，具乳白色乳汁。	多年生草本，植株被刚毛，具乳白色乳汁。
茎	茎直立，高25～90cm。	茎直立，高60～90cm，圆柱形，被开展或紧贴的刚毛。
叶	单叶互生，披针形或狭卵形，长3～15cm，宽1～6cm，二回羽状深裂，被淡黄色刚毛。	单叶互生，卵形至披针形，长20～25cm，二回羽状深裂，被刚毛。
花	花顶生；花梗长10～15cm，被淡黄色平展刚毛。花蕾长圆状倒卵形，下垂；花瓣4，紫红色，基部通常具深紫色斑点；雄蕊多数，深紫红色。	花单生，花梗密被刚毛；花蕾卵形或宽卵形，被伸展的刚毛；花瓣4～6，宽倒卵形或扇状，红色或深红色，有时在爪上具紫蓝色斑点；雄蕊多数，紫蓝色。
果实	蒴果宽倒卵形。	蒴果近球形。
花果期	花果期3～8月。	花期6～7月。
产地	原产欧洲，我国各地常见栽培。	原产地中海地区，我国南方地区有栽培。
区别	①虞美人为一年生草本；	鬼罂粟为多年生草本。
	②虞美人花蕾长圆状倒卵形，花瓣4枚；	鬼罂粟花蕾宽卵形或卵形，花瓣4～6枚。
	③虞美人花药黄色。	鬼罂粟花药紫蓝色。
园林应用	花蕾形态可爱，花色艳丽，花型典雅。可用于花坛、花境、路缘配置，也可盆栽观赏。	

虞美人为一年生草本

鬼罂粟为多年生草本

虞美人花蕾长圆状倒卵形，花瓣4枚

鬼罂粟花蕾宽卵形或卵形，花瓣4~6枚

虞美人花药黄色

鬼罂粟花药紫蓝色

111. 大花萱草、萱草与金针菜

	大花萱草 （杂交萱草）	萱草 （忘萱草）	金针菜 （黄花菜、柠檬萱草）
学名	*Hemerocallis hybrida*	*Hemerocallis fulva*	*Hemerocallis citrina*
科属	百合科萱草属	百合科萱草属	百合科萱草属
形态	多年生草本。	多年生草本	多年生草本。
茎	无茎。	根近肉质，中下部有纺锤状膨大。	根近肉质，中下部常有纺锤状膨大。
叶	叶基生，二列，带状，长50～80cm，宽1～2cm，柔软，上部下弯。	叶基生，二列，宽带状。	叶基生，二列，带状，长50～130cm，宽0.6～2.5cm。
花	花葶与叶近等长，花序强烈缩短成近头状，2～6朵花近簇生，近漏斗状，花色因品种而异，且有重瓣种，花被裂片明显长于花被管，内三片常比外三片宽大，苞片宽卵形。	花葶从叶丛中央抽出，花近漏斗状，早开晚谢，无香味，疏离，橘黄色；花被管较粗短，长2～3cm；花被裂片6，明显长于花被管，内三片常比外三片宽大，内花被裂片宽2～3cm，下部有∧形彩斑；苞片披针形。	花葶从叶丛中央抽出，花近漏斗状，淡黄色，花被管长3～5cm，疏离；花被裂片6，明显长于花被管，内三片常比外三片宽大；苞片披针形。
果实	蒴果。	蒴果。	蒴果。
花果期	花果期6～10月。	花果期为5～7月。	花果期5～9月。
产地	园艺杂交种，品种极多，世界各地广泛栽培。	全国各地常见栽培，秦岭以南各省区有野生。	产秦岭以南各省区（包括甘肃和陕西的南部，不包括云南）以及河北、山西和山东。生于海拔2000m以下的山坡、山谷、荒地或林缘。
区别	①大花萱草，花近簇生，花大，花色因品种而异，常有重瓣； ②大花萱草叶宽1～2cm； ③大花萱草根呈绳索状。	萱草花疏离，橘黄色，内花被裂片下部有∧形彩斑 萱草叶一般较宽； 萱草根中下部有纺锤状膨大。	金针菜花疏离，淡黄色。 金针菜叶宽0.6～2.5cm。 金针菜根中下部常有纺锤状膨大。
园林应用	花型可爱，花色艳丽，可用于花坛、花境、路缘、林缘、水岸边等处配置。		

大花萱草，花近簇生，花大，花色因品
种而异，常有重瓣

萱草花疏离，橘黄色，内花被裂
片下部有∧形彩斑

金针菜花疏离，淡黄色

大花萱草的叶

萱草的叶

金针菜的叶

	鼠尾草属	薰衣草属
学名	*Salvia* spp.	*Lavandula* spp.
科属	唇形科鼠尾草属	唇形科薰衣草属
形态	草本或半灌木或灌木。	半灌木或小灌木，稀为草本。
茎	茎四棱，常具沟槽。	茎四棱，常具沟槽。
叶	单叶或羽状复叶。	单叶，线形至披针形或羽状分裂。
花	轮伞花序组成总状或穗状花序，顶生，少腋生；花萼二唇形，上唇全缘或具3齿，下唇2齿。花冠冠檐二唇形，上唇全缘或顶端微缺，下唇3裂，中裂片通常最宽大。能育雄蕊2，生于冠筒喉部的前方。花红色、蓝色、紫色等。	轮伞花序组成穗状花序顶生；花萼二唇形，上唇1齿或稍伸长成附属物，下唇4齿，有时上唇2齿，较下唇3齿狭；花冠冠檐二唇形，上唇2裂，下唇3裂。雄蕊4，内藏。花蓝色或紫色。
果实	小坚果。	小坚果。
产地	生于热带或温带。我国各地均有分布，西南最多。	分布于大西洋群岛及地中海地区至索马里，巴基斯坦及印度；我国仅栽培2种。
区别	① 鼠尾草属单叶或羽状复叶；	薰衣草属单叶，线形至披针形或羽状分裂。
	② 鼠尾草属花萼上唇全缘或具3齿，下唇2齿；	薰衣草属花萼上唇1齿或稍伸长成附属物，下唇4齿，有时上唇2齿，较下唇3齿狭。
	③ 鼠尾草属花冠冠檐上唇全缘或顶端微缺，下唇3裂，中裂片通常最宽大，能育雄蕊2，生于冠筒喉部的前方。	薰衣草属花冠冠檐上唇2裂，下唇3裂。雄蕊4，内藏。
园林应用	花型独特，花色艳丽，典雅，香味独特。可用于花坛、花境、花带、花海的景观配置，也可盆栽室内观赏。	

鼠尾草属加那利鼠尾草的单叶

薰衣草属齿叶薰衣草的单叶羽状分裂

鼠尾草属南丹参的羽状复叶

薰衣草属法国薰衣草的单叶不分裂

鼠尾草属花冠上唇全缘或顶端微缺雄蕊2

薰衣草属的花冠上唇2裂。雄蕊4

	一串红 （象牙红、西洋红、墙下红）	朱唇 （红花鼠尾草、小红花、一串红唇）
学名	*Salvia splendens*	*Salvia coccinea*
科属	唇形科鼠尾草属	唇形科鼠尾草属
形态	多年生作一年生栽培，高可达90cm。	一年生或多年生草本植物，株高60～90cm。
茎	茎四棱，具浅槽，无毛。	茎直立，四棱形，具浅槽，有毛。
叶	单叶对生，卵圆形或三角状卵圆形，长2.5～7cm，宽2～4.5cm，先端渐尖，基部截形或圆形，稀钝，边缘具锯齿，两面无毛，下面具腺点；叶柄长3～4.5cm，无毛。	单叶对生，卵圆形或三角状卵圆形，长2～5cm，宽1.5～4cm，先端锐尖，基部心形或近截形，边缘具锯齿或钝锯齿，纸质，两面均有毛；叶柄长0.5～2cm，有毛。
花	轮伞花序组成总状花序顶生，花冠红色，冠檐上唇先端微缺，下唇比上唇短，3裂，能育雄蕊2，近外伸。	总状花序顶生，花冠红色，下唇长于上唇，能育雄蕊2，伸出。
果实	小坚果。	小坚果。
花果期	花果期5～10月。	花期4～7月。
产地	原产于巴西，我国各地广泛栽培。	原产于热带美洲地区。陕西、西南、华东、华南等地有栽培。
区别	①一串红茎无毛；	朱唇茎有毛。
	②一串红花朵密集，花冠冠檐下唇比上唇短，雄蕊近外伸。	朱唇花朵疏离，花冠冠檐下唇长于上唇，雄蕊明显伸出。
园林应用	株形开展，花多，花型可爱，花色艳丽。可用于花坛、花境、路缘、林缘、墙垣、山石边、林下、花钵等配置，也可盆栽用于室内阳台绿化。	

一串红茎无毛　　　　　　　　　　　　　　朱唇茎有毛

一串红花朵密集，花冠下唇比上唇短，雄蕊近外伸　　　朱唇花朵疏离，花冠下唇长于上唇，雄蕊明显伸出

一串红用于园林绿化

朱唇用于园林绿化

	马鞭草（铁马鞭、马鞭子）	假马鞭（假败酱）
学名	*Verbena officinalis*	*Stachytarpheta jamaicensis*
科属	马鞭草科马鞭草属	马鞭草科假马鞭属
形态	多年生草本，高30～120cm。	多年生草本或亚灌木，高0.6～2m。
茎	茎四棱形，节和棱上有硬毛。	幼枝近四棱形，疏生短毛。
叶	单叶对生，卵圆形至倒卵形或长圆状披针形，长2～8cm，宽1～5cm，基生叶叶缘常有粗锯齿和缺刻，茎生叶多数3深裂，裂片边缘有不整齐锯齿，两面均有硬毛，背面脉上尤多。	单叶对生，椭圆形至卵状椭圆形，长2.4～8cm，顶端短锐尖，基部楔形，边缘有粗锯齿，两面均散生短毛。
花	穗状花序顶生和腋生，苞片、花萼均有硬毛，花冠淡紫至蓝色，长4～8mm，外面有微毛，裂片5，雄蕊4。	穗状花序顶生，苞片有纤毛，顶端有芒尖；花萼无毛，花冠深蓝紫色，裂片5，雄蕊2。
果实	果成熟后4瓣裂。	果成熟后2瓣裂。
花果期	花期6～8月，果期7～10月。	花期8月，果期9～12月。
产地	产西北、华中、华东、华南、西南。常生长在低至高海拔的路边、山坡、溪边或林旁。全世界的温带至热带地区均有分布。	产福建、广东、广西和云南南部。常生长在海拔300～580m的山谷阴湿处草丛中。原产中南美洲，东南亚广泛分布。
区别	①马鞭草茎生叶常多3深裂，裂片边缘有不整齐锯齿；②马鞭草花萼有硬毛，花冠淡紫至蓝色，雄蕊4；③马鞭草果成熟后4瓣裂。	假马鞭叶不裂，边缘有规则的粗锯齿。假马鞭花萼无毛，花冠深蓝紫色，雄蕊2。假马鞭果成熟后2瓣裂。
园林应用	株型紧凑，花色素雅，常见于野外，可用于花境、路缘配置。	

马鞭草茎生叶常多3深裂

假马鞭叶不裂

马鞭草花萼有硬毛，花冠淡紫至蓝色，雄蕊4

假马鞭花萼无毛，花冠深蓝紫色，雄蕊2

	春兰	豆瓣兰（线叶春兰）
学名	*Cymbidium goeringii*	*Cymbidium serratum*
科属	兰科兰属	兰科兰属
形态	地生植物。	地生植物。
茎	假鳞茎较小，卵球形。	假鳞茎较小，卵球形。
叶	叶4～7枚，宽5～9mm，边缘无齿或具细齿。	叶3～5枚，宽2～4mm，边缘具细齿，质地较硬。
花	花莛短于叶；常单朵，绿色或淡褐黄色而有紫褐色脉纹，有香气；蕊柱两侧有较宽的翅。	花莛短于叶；常单朵，萼片和花瓣常为绿色，也有红色、黄色等，无香气。蕊柱两侧有狭翅。
果实	蒴果。	蒴果。
花果期	花期1～3月。	花期2～3月。
产地	产华东、西南、华南大部分地区，生于多石山坡、林缘、林中透光处，海拔300～2200m，在台湾可上升到3000m。日本与朝鲜半岛南端也有分布。	产贵州、湖北、四川、台湾、云南。分布于多石山坡、林缘、或排水良好的草坡；海拔1000～3000m。
区别	①春兰4～7枚叶，宽5～9mm，边缘无齿或具细齿；	豆瓣兰3～5枚叶，宽2～4mm，边缘具细齿。
	②春兰花有香气，蕊柱两侧有较宽的翅。	豆瓣兰花无香气，蕊柱两侧有狭翅。
园林应用	姿态飘逸，花型独特，有清香味。可用于室内盆栽观赏。	

春兰4～7枚叶，宽5～9mm，边缘无齿或具细齿

豆瓣兰3～5枚叶，宽2～4mm，边缘具细齿

春兰花有香气，通常为绿色或淡褐黄色

豆瓣兰花通常无香气，色泽丰富

	巴西野牡丹 （蒂牡花、巴西蒂牡花）	角茎野牡丹
学名	*Tibouchina semidecandra*	*Tibouchina granulosa*
科属	野牡丹科蒂牡花属	野牡丹科蒂牡花属
形态	常绿灌木，高可达3m。	常绿小灌木，高可达3m以上。
茎	嫩枝四棱形，有毛。	小枝四棱形，嫩枝、叶片与萼筒密生倒伏状粗毛。
叶	单叶对生，长椭圆至披针形，两面具细茸毛，全缘，3～5出脉。	单叶对生，5出脉，先端尖，基部楔形，具长柄，全缘。
花	花顶生，中心雄蕊白色且上曲，花瓣5，刚开时深紫色，随后紫红色。	花顶生，硕大，中心雄蕊白色且上曲，花瓣5，蓝紫色，花瓣卵圆形。
果实	蒴果，有毛。	蒴果，坛状球形。
花果期	花果期春、夏季。	花期冬季，果期夏秋。
产地	原产巴西低海拔的山地或平地，我国南方引种栽培。	产巴西。
区别	①巴西野牡丹叶两面具细茸毛，3～5出脉；	角茎野牡丹叶密生倒伏状粗毛，5出脉，较巴西野牡丹狭小。
	②巴西野牡丹花序较疏，深紫色或紫红色，花瓣疏离，花蕊较长。	角茎野牡丹花序紧密，花蓝紫色，花瓣叠加，花蕊较短。
园林应用	株形开展，花期长，花色独特，花型典雅。常孤植、列植、丛植或群植用于花坛、花境、林下、路缘、山石旁等处配置。	

巴西野牡丹叶两面具细茸毛，3～5出脉

角茎野牡丹叶密生倒伏状粗毛，5出脉，较巴西野牡丹狭小

巴西野牡丹花序较疏，深紫色或紫红色，花瓣疏离，花蕊较长

角茎野牡丹花序紧密，花蓝紫色，花瓣叠加，花蕊较短

巴西野牡丹用于园林绿化

角茎野牡丹用于园林绿化

	杧果（芒果、蜜望子）	天桃木（扁桃、扁桃杧）
学名	*Mangifera indica*	*Mangifera persiciforma*
科属	漆树科杧果属	漆树科杧果属
形态	常绿大乔木。	常绿乔木。
茎	小枝褐色，无毛。	小枝褐色，无毛。
叶	单叶互生或集生于枝顶，薄革质，长圆形或卵状披针形，长7～30cm，先端渐尖或钝尖，基部楔形或近圆形，边缘波状。	单叶互生或集生于枝顶，薄革质，狭披针形至线状披针形，边缘波状。
花	圆锥花序顶生，花小，黄色或淡黄色，芳香。	圆锥花序顶生。花小，黄绿色。
果实	核果，扁肾形，鲜黄色，可食用。	核果桃形，稍压扁。
花果期	花期3～4月，果期5～7月。	花期4月，果期5～6月。
产地	产云南、广西、广东、福建、台湾，生于海拔200～1350m的山坡，河谷或旷野的林中。分布于印度、孟加拉国、中南半岛和马来西亚。	分布于广西、贵州南部、云南东南部、海南西南部，华南地区常见栽培。
区别	①杧果叶长圆形或卵状披针形；②杧果核果，扁肾形。	天桃木叶狭披针形至线状披针形。天桃木核果桃形，稍压扁。
园林应用	树形高大，树冠整齐，枝叶浓密，四季常青，花序大型，果实色泽鲜艳诱人，可孤植、对植、列植于草坪、道路边做孤赏树、园景树和行道树。	

杜果叶长圆形或卵状披针形　　　　　　　　　天桃木叶狭披针形至线状披针形

杜果核果，扁肾形　　　　　　　　　　　　　天桃木核果桃形，稍压扁

杜果用于园林绿化　　　　　　　　　　　　　天桃木用于园林绿化

	紫玉兰（木兰、木笔）	二乔玉兰（二乔木兰）
学名	*Yulania liliflora*	*Yulania × soulangeana*
科属	木兰科玉兰属	木兰科玉兰属
形态	落叶灌木，高达3m。	落叶小乔木或灌木，高可达9m。
茎	小枝紫褐色，芽有细毛。	小枝紫褐色，芽有细毛。
叶	单叶互生，倒卵形或椭圆状卵形，先端急尖或渐尖，基部楔形，全缘，上面疏生柔毛，下面沿脉有柔毛；叶柄粗短。	单叶互生，倒卵形至卵状长椭圆形，先端短急尖。
花	花先叶开放或与叶同时开放，单生枝顶；钟状，大型，芳香；花被片9～12，外轮3片萼片状，内两轮肉质，外面紫色或紫红色，内面白色，花瓣状。	花先叶开放，单生枝顶；钟状，大型，芳香；花被片6～9，外轮3片较短，浅红色至深红色。
果实	聚合果。	聚合果。
花果期	花期3～4月，果期8～9月。	花期3～4月；果熟期9～10月。
产地	产于福建、湖北、四川、云南西北部。生于海拔300～1600m的山坡林缘。现各地栽培。	玉兰与紫玉兰的杂交种。
区别	①紫玉兰为落叶灌木，高达3m；	二乔玉兰为落叶小乔木或灌木，高可达9m。
	②紫玉兰花被片9～12，外轮3片萼片状，内面2轮外面紫色或紫红色，内面白色，花瓣状。	二乔玉兰花被片6～9，外轮3片较短，浅红色至深红色。
园林应用	树形古朴，花大而色艳，有香味，春季先叶开放。常孤植、对植或丛植于草坪、路缘、林缘、建筑物前做园景树。	

紫玉兰为落叶灌木，高达3m

二乔玉兰为落叶小乔木或灌木，高可达9m

紫玉兰花被片9~12，外轮3片萼片状，内面2轮外面
紫色或紫红色，内面白色，花瓣状

二乔玉兰花被片6~9，外轮3片较短，浅红色至深红色

参 考 文 献

［1］中国科学院中国植物志编辑委员会. 中国植物志. 北京：
科学出版社，1979-2004.

［2］徐晔春. 观叶植物1000种经典图鉴. 长春：吉林科学技
术出版社，2009.

［3］徐晔春. 观花植物1000种经典图鉴. 长春：吉林科学技
术出版社，2009.

［4］郭成源等. 园林设计树种手册. 北京：中国建筑工业出版
社，2006.

［5］庄雪影. 园林植物识别与应用实习教程. 北京：中国林业
出版社，2009.

［6］庄雪影. 园林树木学（华南本）. 第二版. 广州：华南理
工大学出版社，2006.

［7］王晓红. 园林花卉识别与实习教程（南方地区）. 北京：
中国林业出版社，2010.

学 名 索 引

中文名索引